都市を変える
水辺アクション

"MIZUBE ACTION" for Transforming Cities

編著 泉 英明／嘉名光市／武田重昭
監修 橋爪紳也

実践ガイド

学芸出版社

Contents
もくじ

006 巻頭言

Chapter **1**

007 水辺へのアプローチ

水辺への働きかけ
取り組みの成果をはかる
水辺から都市を変えていくために

Chapter **2**

017 水辺を変えるアクション

 ## 見つける

- 018　01　水上に出かける
- 030　02　アートで掘り起こす
- 040　03　川からまちを巡る

 ## 伝える

- 048　04　ムーブメントをおこす
- 056　05　物語を届ける
- 064　06　シンボルをつくる

設える

- 074　07　居場所にする
- 082　08　光で演出する
- 090　09　水際をデザインする

 ## 育てる

- 098　10　プロセスを踏まえる
- 106　11　ルールを共有する
- 114　12　スキームを活用する

 ## 広げる

- 124　13　境界をまたぐ
- 134　14　マネジメントの仕組みをつくる
- 144　15　水辺から計画する

Chapter **3**

153　水都大阪の水辺ブランディング

STAGE 0

154　川を使いこなしていた都市から川に背を向ける都市へ

STAGE 1

156　水都大阪のスタート

水都大阪再生の事業スタート
府市経済界での一体的な動きと民間のゲリラ活動

STAGE 2
164 水都大阪2009で行政・企業・市民が一体に
シンボルイベント水都大阪2009
舟運や水面安全利用を推進する舟運の民間組織の設立

STAGE 3
166 民間ディレクターチーム発足、市民参加推進
日常も豊かな水辺へ
新たな民主導の事業推進体制
既存の課題を解決する新体制

STAGE 4
168 新たな官民推進体制へ
水都大阪パートナーズの3つの機能
水都大阪パートナーズの事業展開

174 水都大阪 年表
178 大阪・水辺拠点の推移

Chapter 4
179 水辺が変わればまちが変わる
水とともに生きる 水都 ／ 近代化の中で忘れ去られた水辺
再び高まる水辺への関心 ／ 水辺からの都市再生
水辺と都市との関係を紡ぎ直す ／ これから解決すべき課題
水辺を誇れる空間にするために

190 あとがき

文明は川の流れとともにあり、都市は水際に発達する。

　世界各地に「水の都」の名にふさわしい都市がある。欧州ではヴェネチア、ストラスブール、アムステルダムなど、河川や運河が繁栄の礎となった歴史都市は多い。また中国では、世界遺産に登録された京杭大運河に沿って、無錫・蘇州・杭州などの都市が発展をみた。

　いっぽう川に面したブラウンフィールドの再開発を、活性化の契機とした都市も多い。リバーウオークの再生によって、南部有数の観光都市に転じた米国のサンアントニオなどは、早い成功事例である。近年では、パリ、ロンドン、ビルバオ、バーミンガム、ソウルなどが挙げられる。

　国内では、わが故郷である大阪などが好例である。遡ると、大阪が「水の都」の通称を用い始めたのは明治時代後半のことだ。産業都市として発展をみた大正から昭和戦前期、行政はパリを意識した水辺の美観を都心に創出、対して民間事業者は米国の諸都市に学んだビル街を河畔に建設した。観光客を呼びこむべく、新たに就航させた遊覧船は、いかにも誇らしげに、「水都号」と命名された。

　しかし戦後、多くの堀川は埋め立てられ、道路に転用された。また治水目的から高く堤防が築かれる。川沿いを、ホームレスのブルーテントが占拠する風景も日常となった。「水の都」の異名を過去の遺風と断じるほど、市民の意識は水辺から遠のいてしまった。

　21世紀になって、「水都大阪」を再生する動きが本格化した。川筋に面した再開発ビルディングがあいついで竣工、規制緩和を受けた河川空間の民間利用も進捗した。官民の連携によって進展をみた一連のプロジェクトは、わが国における都心再生のベスト・プラクティスのひとつであると確信する。

　「水都大阪」の復活は、私の宿願であり、ライフワークである。「水都大阪2009」のプロデューサーをはじめ、「水都大阪」の再生に関する各種事業に深く関与してきた。そのなかで、早くからインバウンドの観光客の増加を予測、集客魅力を向上させる観点から、水辺再生の必要性を強調してきた点は、先見の明であったと自負している。

　本書は、世界各地の水際で始められたまちづくりの動きを紹介、水辺から広がる都市再生のダイナミズムを俯瞰するものだ。あわせて「水都大阪」に関する事業についても詳述する。この小著が、水辺にまちづくりの芽を、さらには川筋に都市再生の契機を見いだそうと考える各地の同志にとって、拠りどころとなればと願う次第である。

橋爪　紳也

Chapter

1

水辺へのアプローチ

水辺の小さなアクションが都市を大きく変えている。
　近年、世界の各都市で水辺への新しいアプローチが試みられており、単に水辺が生まれ変わるだけではなく、都市全体の再生の大きな原動力となっている。本書は水辺から都市が変わっていくプロセスを捉え、その成果や課題を明らかにするものである。

　本書は4つの章で構成されている。まず1章はオリエンテーションである。本書の構成や読み方を理解してもらい、水辺に関わることの期待感を募らせ、水辺に対する興味の視点を共有してもらいたい。

　2章は世界の実践事例から学んだ成果や課題をまとめた。幅広い事例に共通する重要な水辺への働きかけを5つのアプローチに整理し、それぞれのアプローチにおいてどのような方法で水辺から都市を変えていくことができるのかを15のアクションによって具体的に説明している。各々の事例の到達点から、他の都市でも応用可能な考え方やテクニックを整理することによって、関わる人の立場や水辺の特性に応じた挑戦を可能にする手引となることを目指している。

　3章では水辺のアクションが、いかに都市を変えるのかを検証する。水都大阪を事例に、取り組みを時系列で振り返りながら、水辺から都市が変わる様子を紐解いていく。

　最後に4章ではこれらの実例を総括し、従来の水辺に対する取り組みとは違った視点から、これからの水辺が都市に対して果たす役割の重要性や可能性について展望している。

　あなたのまちの水辺に、いま求められているものは何だろうか。本書が目の前の水辺から都市を変えていくための気づきやきっかけとなれば幸いである。

水辺への働きかけ

　現在、多くの水辺は都市を分断する空間となっており、多様な関わりを紡ぎ出す場所にはなっていない。水辺再生のためには、人と水辺との結びつきを考えることはもちろん、そんな賑わいを生み出すための仕組みや持続可能な魅力を支える組織のあり方など、多様で複雑な取り組みをまちとの関係の中で進めていく必要がある。このような現状に対し、2章で取り上げる5つのアプローチは水辺への戦略的な関わり方を示したものである。これらは世界各地の水辺で取り組まれている現在進行形の挑戦の中から浮かび上がってきた共通の示唆であり、成功のプロセスに特に必要だと考えられる水辺への「生きた」働きかけの視点である。これらは重要度や取り組む順序を示したものではなく、また、どれかひとつのアプローチだけで都市が変わるというものでもない。むしろ、いくつかのアプローチを複合的に取り組んでいる都市は大きな展開を実現させているといえる。

　さらに、これらのアプローチによって水辺を魅力的に生まれ変わらせることに成功した事例を集めて15のアクションに整理した。これらのアクションは便宜上、その特徴を最もよく示すアプローチのどれかに分類したが、必ずしもひとつのアプローチだけから水辺に働きかけているわけではない。いずれの事例も様々な主体の連携や時間的な経過の中での一連のアクションが成果を高め、波及効果を広げている。しかし、具体的なアクションを抽出し、その進め方や工夫をまとめることで、目の前の水辺で一番必要とされていることを浮き彫りにできるのではないかと考えた。実際に水辺での取り組みを進める際に、どのようにアクションを組み合わせながら進めていくかという戦略を立てるのに役立つはずである。

　このような分類の意味を理解してもらえれば、どの事例から読みはじめてもらってもかまわない。興味のあるアクションやすぐに役立ちそうなアクションを読んでもらうことはもちろん、既に取り組んでいるものや十分認識しているものについても改めてその重要性を再確認してもらえるのではないかと思う。ここにあげた15のアクションは、水辺への取り組みから都市を変えていくことが可能であることを示した実例である。しかし、これらが水辺へのアクションの全てではない。16番目以降の新しい水辺へのアクションの積み重ねによって都市にさらなる魅力がもたらされるかどうかは読者の実践に委ねられている。

見つける

水辺の小さな発見が様々なアクションのはじまりだ。いずれの水辺再生にもきっかけをつくったドラマチックな発見がある。水辺の魅力は、待っていても見つからない。積極的な行動が水辺の潜在的な魅力を教えてくれるのだ。

01 水上に出かける

深く戦略を考えることよりも、まず目の前の水辺を楽しく使いこなす行動力が、まちを変えていくための大きな推進力になる。水辺のアクティビティだけではなく、水上のアクティビティがあることは、オープンスペースとしての水面の可能性を大きく高める。

事例：日本シティサップ協会／劇団子供鉅人／大岡川川の駅運営委員会／水辺荘

02 アートで掘り起こす

アートは水辺の多様な魅力を発見するための有効な手段であると同時に、それを定着させることもできる。アーティストの発想力とそれを支える仕組みの両方が備わってはじめて有効なアクションとなる。

事例：欧州文化首都／水都大阪フェス／おおさかカンヴァス推進事業

03 川からまちを巡る

水辺が生活を分断する場所ではなく、人々の生活の結節点となるために、水と陸を結ぶモビリティを持つことは重要だ。水辺を自由な移動空間とすることで、これまでとは違ったまちへのアクセスが生まれ、移動そのものが魅力となって人を惹きつける。

事例：サンアントニオ／大阪水辺バル

伝える

水辺の魅力やそこでの出来事をいかに都市に波及させていくかは、アクションの成果を大きく左右する。伝えるコンテンツは情報だけではない。ムードや物語、その都市が目指そうとするビジョンなど、水辺の持つ魅力そのものを多様な手段でデリバリーすることが必要だ。

04 ムーブメントをおこす

一方通行の情報公開では、人々の心をつかむことはできない。水辺でのワクワク感を一人ひとりの気持ちに届けることができれば、ファンを増やしながらまちの雰囲気を盛り上げていくことにもつながる。情報を伝えるだけでなく気運を高めることが必要である。

事例：水都大阪サポーター・レポーター／ミズベリング・プロジェクト

05 物語を届ける

どんな水辺にも歴史がある。その場所が持つコンテクストを大切にしながら物語を紡いでいくこと、さらに世代を越えて物語を継いでいくことで水辺の価値は積み重ねられていく。市民が誇りや愛着を持って活動することが肝心である。名橋と呼ばれる橋は、水辺に対する思いの象徴として物語の主役となっている。

事例：本町橋100年会／名橋「日本橋」保存会／レトロ納屋橋まちづくりの会

06 シンボルをつくる

水辺のシンボルは都市のアイコンとなる。その都市を象徴する個性的な水辺の景観は、都市のイメージを人々に鮮烈に伝えることができる。ランドマークとしての単体の景観だけでなく、河川全体や地域の再開発そのものがその都市の目指すべき方向性を示すシンボルとなり得る。

事例：ソウル／ビルバオ／マドリッド

設える

人が使うことで、水辺に新たな魅力が生まれる。日常的な水辺の使いこなしや、非日常的な水辺でのイベントなどを通じて、人が居ることができる水辺を設えることは欠かせないアプローチだ。水辺のポテンシャルを丁寧に読み取り、効果的なデザインをすることで、そこは都市で最も豊かな場所になるはずだ。

07 居場所にする

水辺は心地よい居場所としてのポテンシャルの高い場所である。しかし、残念ながらその多くは活かされていない。適切な場所に小さなカフェがあるだけで、閑散とした水辺は魅力的な居場所になる。既にある可能性にかたちを与えることができれば、水辺のイメージは一新する。

事例：富岩運河環水公園／なぎさのテラス

08 光で演出する

夜の水辺は昼間とは違った顔を持つ。ネオンを映して賑わいを増殖させることも、闇を引き立てロマンチックな静けさをつくり出すこともできる。効果的な光の演出は水辺でこそ効果的だ。そこは単なるオープンスペースではなく、光と闇の効果を際立てる場所である。

事例：OSAKA光のルネサンス／パリ

09 水際をデザインする

水辺空間の特徴は水際に現れる。連続する水際空間を一連の景観として捉えたデザインは、都市と水辺との関係やそこでの人々のアクティビティにも大きな影響を与える。人と水との豊かな関わり方をつくり出すのは水際のデザインだ。

事例：広島／セビージャ

育てる

水辺へのアクションには多様な主体の連携や協働が不可欠だ。そのためには、共通の想いを育てていくことが求められる。強いリーダーシップではなく、共感をデザインすることで、誰にでも開かれた水辺の仕組みが育まれている。人が水辺を育み、水辺が人を育む関係は魅力的だ。

10 プロセスを踏まえる

水辺を変えていくには多くの主体の関わりが不可欠だ。拙速な空間の改変だけでは、誰にも使われない水辺になってしまう。じっくりと時間をかけてプロセスを共有し、実験や検証を繰り返すことで、水辺は着実に人のための空間へと変わっていく。

事例：パリ・プラージュ／中之島 GATE

11 ルールを共有する

水辺のルールは自由を奪うためではなく、多様なアクティビティを支えるために不可欠だ。無意識な既成概念や見えにくい既得権から、多様なステイクホルダーの合意を得ながらルールを定めていくことで、オープンな水辺が獲得されている。

事例：キャナル＆リバートラスト／NPO法人大阪水上安全協会

12 スキームを活用する

安全性が重視されるあまり、都市から遠い存在になってしまった水との関係性を取り戻すためにスキームのデザインが求められている。水に近づくためには、制度や仕組みをつくり上げることが必要であり、そうして再び水辺を日常生活に取り入れることができる。

事例：北浜テラス／広島かき船

広げる

動きのない水面に一石を投じて波紋を起こすことも重要だが、アクションの成果を確実に都市へ広げていくための戦略を持つことも欠かせない。制度の壁を越えるチャレンジや、持続可能なマネジメントの仕組みを計画して経営していくことが求められる。

13 境界をまたぐ

都市には目に見えない数多くの境界が存在し、明確な領域で空間が断絶されている。特に水辺は所有や法律など複雑な境界が空間を縛っている。境界をまたぐことは、空間の利用に広がりをもたらし、景観に一体感を与える。境界のない水辺は人々をつなぐ場所になるはずだ。

事例：ニューキャッスル・ゲイツヘッド／浮庭橋

14 マネジメントの仕組みをつくる

水辺の魅力が持続的であることが重要だ。マネジメントの視点がなければ、水辺の賑わいは流れて消える一過性の盛り上がりで終わってしまう。特にまちとの関わりのなかで、地域全体に成果がフィードバックされる仕組みが構築できれば、水辺から都市が生まれ変わる好循環が生み出せる。

事例：サンアントニオ／大阪／広島

15 水辺から計画する

水辺が都市再生の起点となるにはいくつかの理由が存在する。単なる低未利用地という存在を越えて、水辺を変えるプランを持つことこそが都市の将来に直結している。水辺こそが、これからの都市を計画する鍵を握っているのだ。

事例：ロンドン／ニューヨーク／シンガポール

取り組みの成果をはかる

　3章では水都大阪の展開を5つのステージに分けてたどっている。この各ステージにおける取り組みの関係や発展のプロセスを捉えるために、2章で示した5つのアプローチについて、下図に示すように5段階評価のレーダーチャートを作成した。これによって取り組みの初期段階ではどのアプローチが重視されてきたのか、時間経過とともにどのように水辺への働きかけが展開されてきたか、また、今後重点的に取り組むべき課題がどこにあるかなどがビジュアルに把握できる。本書では、このレーダーチャートで水都大阪の時系列的な展開プロセスを捉えたが、世界の水辺の取り組みの現状把握や他都市との比較、また各主体が取り組むべき目標の明確化など、他にも様々な応用が可能なはずだ。

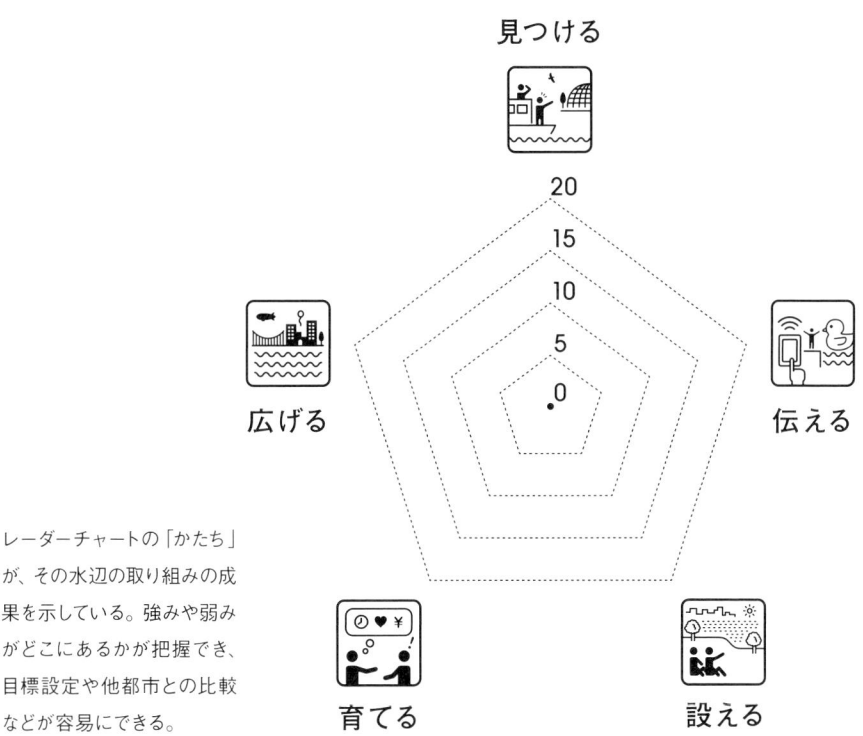

レーダーチャートの「かたち」が、その水辺の取り組みの成果を示している。強みや弱みがどこにあるかが把握でき、目標設定や他都市との比較などが容易にできる。

水辺から都市を変えていくために

　本書で紹介する事例には、複数のアプローチに共通する視点や横断する視点が見られる。まずは組織づくりの重要性である。個人的な水辺への働きかけから生まれるアプローチも多いが、大きな展開へつなげるには、チームで取り組むことが必要である。特に水辺という場所の公共性を考えれば、行政との連携は不可欠だ。また、空間の質を高めることも大切な視点である。いくらすばらしい考え方でも、プランニングだけでは人々の共感を得ることはできない。水辺のデザインが都市にムードをつくり出し、人々を惹きつける。さらに、生み出された水辺の魅力が一過性の盛り上がりで失われるのではなく、消費されつくされない空間になることも重要である。

　経済性を度外視するのではなく、稼げる水辺であること、そして、その利益を水辺に還元することで持続可能な水辺の魅力を担保しなければならない。都市との関係で水辺を捉えることも重要な視点である。その場所で感じられる満足感はもちろん重要であるが、その魅力が都市へ波及していく期待感がなければ都市の再生につながらない。本書は水辺がテーマであるが、単なるウォーターフロントを対象にしているわけではなく、その先にあるまちとの関係性を重視している。

　最後に、時間をかけることの必要性を指摘しておきたい。水辺から都市を変えていく取り組みは容易ではない。取り上げた事例はいずれも一朝一夕に都市を変えるような働きかけになっているわけではない。きっかけづくりからマネジメントまで、長い時間の中で組織づくりや空間デザインに取り組み、波及効果を生み出している。

　いくつものアプローチを組み合わせて水辺から都市を変えていく取り組みは、多元方程式を解くようなものに思えるかもしれない。しかし、実際には机上で算出できるような解が存在するのではなく、実際に水辺に出て実践を繰り返す中でいくつもの波を乗り越えながら、答えを見つけていくものであろう。そして、複合的で戦略的な水辺へのアプローチを構築するためには、現場での様々な取り組みの関係をうまく調整し、同じ目標に向かって推し進めるコーディネートが不可欠である。

　本書では、読者にそのような実践を重ねていってもらうための様々な道具やヒントを示したつもりである。読者一人ひとりが水辺から都市を変えていく主体として活躍し、いくつもの都市で魅力的な水辺が生まれることを期待している。

Chapter 2

水辺を変えるアクション

CASE
01

水上に
出かける

水上に立ってまちを見ると、いつものまちの風景が普段より穏やかに、フレンドリーに感じられたり、時にコミカルに、時に嘘っぽく感じられたり、自然の雄大さを感じられたりする。立派な設備がなくても水辺風景をにぎやかに変えられるアクティビティを紹介する。

大阪を水辺あそびのホームに — 日本シティサップ協会

　この10年ほどで中之島周辺の大川中心に環境が変化している。川沿いの遊歩道が整備され、ブルーテントが徐々に消え、気持ち良い芝生の公園が出来上がった。人が川沿いをさんぽしたり、ランニングしたり、佇む光景が見られるようになった。

　そして、陸上の水辺空間を楽しむだけでなく、水上に広がる空間を活かして都市空間を楽しむアクティビティが登場した。空気で膨らむサーフボード状の板、サップ＝ SUP（Stand Up Paddle）を水面に浮かべ、その上に立つ。パドルを使って水をかき分ければ、誰でも水の上でおさんぽできる。水面にアクセスできる場所があれば、他に必要な準備は着替え場所の確保くらいなので、とても機動力があり、様々な水面に順応し、水辺風景を変えられるアクティビティだ。

　日本シティサップ協会代表の奥谷崇氏はかつてスキューバダイビングインストラクター養成スクールを経営。受講者に水中カメラマンも多かったことで、現在も経営する水中カメラ専門店「海の写真屋さん」を始める。また、水中カメラで撮影した写真を展示するアクアスタジオもスタート。大阪の都心でも面白い水辺写真が撮れないかと試していたところ、SUPに出会い、2008年から尻無川の大阪ドーム岩崎港付近などでアクアスタジオによる不定期イベントとしてSUPに乗り始める。若松の浜を拠点に朝の体験会を日常化、2013年に拠点を川の駅はちけんやへ移し、その後、日本シティサップ協会を設立して現在に至る。

　河川は基本的に自由航行なので、利用手続きの必要な船着場を使わなければ自由に手漕ぎボートで遊べるが、奥谷氏は安全第一で水上安全協会や大阪府西大阪治水事務所の承諾を得たうえで活動を重ねてきた。スキューバダイビングの経験により、命を落とすリスクの重さを感じていたからだ。若松の浜船着場を利用していた頃は本当に毎日、治水事務所へ足を運んで船着場使用許可申請し、誰に言われた訳でなく岸辺や水面の清掃も行ってきた。その積み重ねの結果、地域の人とも仲良くなり、治水事務所への申請も1週間分まとめて申請できるなど柔軟な関係を築いてきた。また大阪府も、市民の意識を都心の川に向けることに苦戦していた中でSUPによる水上さんぽは水都大阪の水辺が賑わう風景になると活動を後押しした。

（左ページ写真）第1回川の駅伝大会（2014年4月）様々な手漕ぎボートでレース

最近、大阪都心でSUPをしている風景が日常になってきている。毎朝SUPをしている光景を通勤途中などで見てSUPを知り、体験会に来るお客さんが増えているそうだ。

　奥谷氏は「大阪を水辺あそびのホームにするためにSUPという手段は必然ではないが、陸上をさんぽするように水上をさんぽできる、人力で進める、道具が少なく手軽という点で優れものだ」と感じている。そして、一般の参加者を集めるため様々な企画にチャレンジしている。同時にハードルが低く始めやすい水辺のアクティビティとしてマリンレジャー業界へもメッセージを発信し続けている。

水上さんぽ大会（2013年10月）ハロウィン衣装で水上パレード

ツアー型まちなか演劇の挑戦 — 劇団子供鉅人(きょじん)

　大阪の水辺を舞台にツアー型まちなか演劇「クルージング・アドベンチャー3 オオサカリバーフォーエバー編」が2014年6月に公演された。観客と俳優が一緒に小型観光船アクアminiに乗り込んで川を移動。淀屋橋〜天満橋〜大阪城周辺の大川を巡り、まちの解説を織りまぜながら物語をつむいでゆく。日常の水辺風景を劇場風景へ一変させるユニークな取り組みだ。

　ストーリーは、生きる活力である妄想力を奪い取られた未来人の登場から始まる。未来人と観客が力を合わせて妄想力を悪党妄想族から取り戻すSF演劇。劇中、小型船はタイムマシーンとして登場し戦国時代にタイムスリップする。高速で川を遡上し、ワープするシーンは水上の暗闇空間で強風を受けるので時空を飛び越えた感覚を味わえる。観客は主に船上から観劇するが、俳優は船上だけでなく川岸や橋の上などの陸上にも突如現れる。もちろん通行人もおり、アドリブで物語に巻き込まれていくのが面白い。

　この企画は劇団子供鉅人、大阪水上バス株式会社、NPO法人水辺のまち再生プロジェクトの三者共同による実験的取り組みである。2013年に大阪市此花区で公演されたツアー演劇「コノハナ・アドベンチャー2」を水辺のまち再生プロジェクトのメンバーが体感。この「移動演劇」を水辺でできないかと劇団子供鉅人へ持ちかけたのが発端である。

　NPO法人水辺のまち再生プロジェクトは、いままでにない水辺の使い方をしたい、違うジャンルの方が水辺に興味を持つ企画をしたいと考えていた。劇団子供鉅人は場所の魅力を活かし、時にアドリブも加えハプニングも演出に変えてしまう演劇が得意な集団で、NPOの企画に賛同した形だ。

　この公演は大人気を博し、全18公演が満席完売であった。ただ、事業収支としては水上バスの乗船代やNPOの人件費の協力があってなんとか成立。今後、事業を継続するには観劇代の調整や企画全体を資金的にバックアップできるパトロン探しなどの資金対策が必要になりそうだ。

1	2
3	4

1. 川の駅はちけんや雁木でSUP講習　2. 阪神高速の下、東横堀川をゆくツアー　3. 船上で繰り広げられる演劇、陸上の俳優や通行人とやり取りする場面も　4. 船着場を改造した舞台、暗闇を抜け江戸時代の茶屋へタイムスリップ

地縁型＋テーマ型のコミュニティ ― 大岡川川の駅運営委員会と水辺荘

地元有志による「大岡川川の駅運営委員会」

　横浜のみなとみらいのそばに大岡川という川が流れている。ランドマークタワーの根元が河口にあたる。この2kmばかり上流に、「大岡川桜桟橋」という桟橋が地元の要望によってつくられたのは、2007年。この桟橋では、地元の有志の組織である「大岡川川の駅運営委員会」が川の魅力を発信することを目的に様々な水辺のアクティビティを創出してきた。

　例えばE-boatとよばれる10人乗りのゴム製のインフレータブルボートを使ってクルーズをやったり、花見の時期に川に台船ステージをもうけて河川の上でライブをやったり、子どもたちに環境学習の場を提供したり、精力的な活動をしてきた。また、運営している川の駅のメンバーたちは実に楽しそうにこの会を運営している。E-boatを膨らましたり片付ける労力も、初心者や子どもを川の上に案内する気苦労も、水上を漕ぐ楽しみや気心が知れた仲間同士で週末を過ごすことの楽しみが上回り、この会には笑顔が絶えない。

　この「大岡川川の駅運営委員会」が精力的に「水辺のまちづくり」をやるのには実は深い理由がある。かつてこのあたりは特殊飲食店型の風俗店が集積している場所だった。このまちの人たちは、違法行為が横行していた風俗街からの脱却を目指して2002年ごろから一掃活動を警察や市役所と協力して行ってきたのだが、このまちの将来のビジョンとしての「水辺のまちづくり」はまちの将来への危機感から生まれたものである。「大岡川桜桟橋」自体も、一掃活動を推進してきた「初黄・日ノ出町環境浄化推進協議会」により桟橋の建設が提案された。桟橋の建設にともなって地域にできた組織が「大岡川川の駅運営委員会」なのである。

　「大岡川川の駅運営委員会」は桟橋を管理している神奈川県の横浜川崎治水事務所から桟橋の清掃や鍵の保管など桟橋の管理の一部を任されていて、さらに利用者間の調整の一部も担っている。現在、この桟橋はSUPなどの非動力船の利用が多く、利用者はどんどん増えている。その鍵となっているのが、利用者と地域の人々との相互信頼関係である。

水辺を楽しむ人が集まる「水辺荘」

　「水辺荘」が大岡川桜桟橋の近くに物件を借りて活動を始めたのは大岡川桜桟橋ができてから5年経った2012年9月。地縁型の組織である「大岡川川の駅運営委員会」に対して水辺荘は水辺をテーマにして様々な活動をするテーマ型の団体である。SUP（スタンドアップパドル）の活動を中心に、カヤックや様々な水上、陸上のイベントへの参加、清掃活動への参加、水辺のマップづくりなどのワークショップ、水辺のピクニックなどを行っている。

　水辺荘は、会員によって支えられているクラブ組織である。メンバーは多岐にわたり、建築や都市に携わるメンバーもいれば、SUPやカヤックを楽しみたいというメンバーもいるし、マップづくりがしたい、というメンバーもいる。サラリーマンもいれば、市役所に勤める役人もいる。メンバーは会費を払うことによって、陸上に借りている小さな施設の利用やその場所に保管されている様々なギアを使い、横浜の水辺へのアクセスのしやすさを手に入れている。また、その体験をこれから水辺にアクセスしようとする人たちへ提供することで、オープンな組織であることを指向している。そのことで、このまちへの来訪者を増やして、このまちが指向する「水辺のまちづくり」に貢献している。

　水辺荘は横浜のアートセンター、BankARTで2010年度に行われていたまちづくりの勉強会「コレヨコ」（これからどうなるヨコハマ）で水辺をテーマにしたグループ「水辺班」のメンバーが母体となっている。

　コレヨコで「水辺班」は横浜が魅力的なまちになるために水辺がどうあるべきかをテーマとしていた。問題提起として「一般の人の水辺への関心が低いこと」と「主体的に参加できる場所がないこと」を挙げた。そのことを解決するためには、全体をどうするか以前に、特定の場所の個別の事情を丁寧に読み解いて、水辺を一般の人に開かれた場所にしていき、実際に物事を実施していく必要性があることを研究の結果として導いていた。実際に物事を実施する主体がどこにあるかと問われれば、自分たちが主体的にやることも辞さないという強い想いも芽生えていた。

　そんな水辺班のメンバーと大岡川川の駅運営委員会をひきあわせてくれたのもBankARTのスクールだった。実際にBankARTの存在なくして、水辺荘の活動はうまれなかった。地域を代表する地縁型の団体とテーマ型の団体の媒介となってくれるBankARTのような存在はとても重要である。

　大岡川は、大都会にあるにもかかわらず堤防の高さが特に低く、川とまちの距離の近さ

は突出している。桟橋自体も駅から近く、アクセスも容易である。また、都心部にありながら水面へのアクセスを可能にする「桜桟橋」の存在は水上のアクティビティをしたい者にとっては、他に替えがたい価値がある。

その後2012年にかつての水辺班の有志メンバーで、着替える場所と水の上をあそぶ道具を保管する場所を持とう、という企画がたちあがり、大岡川桜桟橋から近い場所に「水辺荘」がうまれた。

 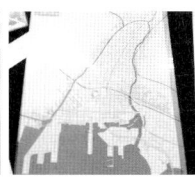

左：水辺荘はいろんなイベントと連動企画をやっている。これはBankART NYKで行われていた「川俣正展」を水辺から見よう、という企画。
右：まちあるきワークショップ用につくったクリアファイル型の水辺マップはなかに白地図が入っている水域が印刷してあるクリアファイルを開発。市内各所で販売している。

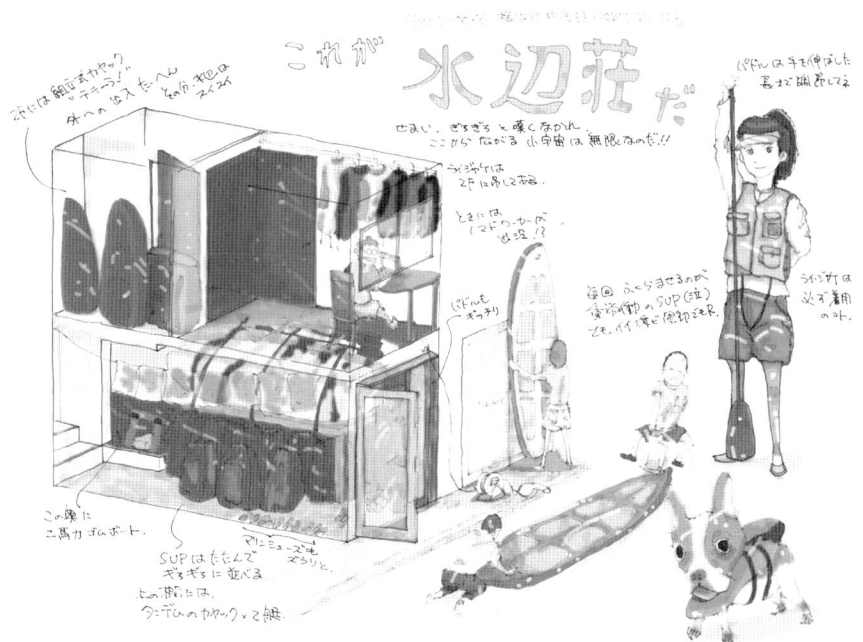

水辺荘は、幅一間にも満たないような川沿いの小さなスペース。2015年4月より借り増ししてスペースが増えた。

1	2
3	4

1. 川の駅運営委員会の会長、谷口さん（右カヤック）とEboatで体験会をするメンバー。　2. 大岡川川の駅運営委員会が運営する「大岡川桜桟橋」。E-boatやカヤック、SUPの利用が多い。　3. 川沿いはかつて、特殊飲食店が建ち並ぶエリアだった。現在、大岡川プロムナードという名前できれいに整備されている。　4. 大岡川は桜の名所で、花見のシーズンは大忙し。

5	6
7	8

5. 講習のガイダンスの風景。まちの一角にライフジャケットをつけた集団が現れる。これこそ、水辺のまちらしい風景
6. 大岡川を下ると、みなとみらいの風景にテンションがあがる。 7. みなとみらいの風景をバックに、水上ヨガをやっている。
8. Smart Illumination！Light up Yokohama に参加したときの様子。

Chapter 2 ｜ 水辺を変えるアクション　　27

魅力的な道具―SUP

　水辺荘の活動で最もヒットしているのが、SUPである。関東の都市河川でSUPをアクティビティとして提供し始めたのは水辺荘が初めてだった。

　水辺荘では年間を通して初心者に対するSUPの体験講習会などを有償で行い、新たな水辺への関心層の掘り起こしを行っている。講習会は水辺荘の会員のうち、SUPの経験値が高いものが自ら行う。SUPというギアの魅力をSNSやメディアへの露出などを通して知った参加希望者はFacebookやウェブサイトを通して申し込む。参加の様子は適宜Facebookのページにアップされ、さらに多くの人にその魅力が拡散されて新たな参加希望者が増えていく。

　SUPで行くこの水域はとても魅力的で、参加者を驚かせ、惹き付けてやまない。まず、水辺荘や出発する日ノ出町の桟橋は京浜急行本線の日ノ出町から徒歩圏内で、アクセスが容易である。また、水面に出れば波は常におだやかで、風の影響も少なく、水質もさほど悪くない。透明度が高い日は底まで見えるし、生物も多く棲みついているのも見られる。

　大岡川を下流に漕いで行くと目の前がひらけ、いきなりみなとみらいの風景が目に飛び込むことも、参加者を喜ばせている。

　SUPは初心者にフレンドリーなギアだ。講習を受ければ、かなりの割合で1時間もすれば立つことができる。また、一人一艇が原則で自分のペースで漕げる。自分が発見したことを自分のペースで、水辺で感じることを確認したり写真を撮ったりすることができる。SUPを体験することで、普段住みなれたまちを流れる川に新しい価値を見出すことができるのだ。

　一方で、水上は陸上と違った危険がある。水上が右側通行であることすら知らない人たちを引率する側としては、そういうことを参加者に充分伝えなければならない。引率の方法、ガイダンスの方法、携行するものの種類、あるいはライフジャケットの着用の仕方、ライフジャケットの意味など試行錯誤をしながら、あるいは、様々な方からの助言をいただきながら方法を見いだしてきたが、これが水辺荘のメンバーの財産となっている。

　水辺荘では、水辺でピクニックをすることからマップのワークショップを行ったり、まちづくりのシンポジウムの開催、行政への提言書作成なども行っているが、それはすべて水辺での気づきを多くの人とシェアするための活動である。

　一見遊びにみえることにこそ、多くの気づきがある。机上の空論より、百の遊び。考えるより実践。水辺荘は理論より実践を大切にしている。実践から得られる気づきを多くの人

にシェアする活動が水辺荘の活動の本質である。

大岡川の手漕ぎ文化

　大岡川桜桟橋は実は全国でも珍しく、SUPをアクティビティとして提供している団体が二つもある。横濱SUP倶楽部は、「仕事前のジョギング代わりの早朝SUP」と銘打って、毎朝活動している。また、SUPマラソンを誘致して横浜で実施したり、横浜の水辺をSUPで盛り上げるもう一つのエンジンである。

　また、大岡川には明治30年からの歴史がある、横浜商業高校そう艇部があり、日頃練習している風景がみられる。またシーカヤックの団体であるシーフレンズや、カヌーポロをやっているカヌー協会など、手漕ぎの活動の場として大岡川は盛り上がりをみせつつある。大岡川に芽生えつつある手漕ぎの文化は、漕ぎ手の主体性に支えられている。誰かが提供してくれたサービスの受益者でいることにとどまらず、自分自身が楽しみながら漕いでいることで、横浜に新たな水辺の風景がつくられる。それが、漕ぎ手を主体的にさせているとも言える。これまで水辺は多くの人々にとって自分とは関係ない誰かのものだったが、大岡川ではこれらの手漕ぎの集団が水辺の風景を彩っていることが、水辺と人との新しい関係の時代をつくっている。

CASE 02

アートで掘り起こす

まちの再生は、地域資源と新たな価値を融合させて生み出される魅力づくりからはじまる。アートはそれを発見する手掛かりとなり、何かが起こる期待感を与えてくれる。創造される魅力を都市のデザインに活かし、市民とともに発展・継承していくまちづくりにつなげていく。このプロセスを共有する試みが、愛着と誇りを持てる都市再生を実現する。

まちの再生とアートの視点

　まちの再生においては、特有の地域資産を見つめ直すことと、それを現代的な価値と融合させて新たな魅力を生み出すことが大切である。アートは、この資源と価値を新たに発見して共有するきっかけを与えてくれる。近年、地域再生の取り組みとして、このアートを活かした試みが国内外を問わず展開されている。

　欧州においては、1980年代から産業構造の転換に合わせて、アートを含めた文化芸術を組み込んだ都市再生戦略が計画されている。アートの視点を活かして、各都市の見過ごされていた資産の掘り起こしや新たな都市の見方を共有すること、また、人々をつなぎとめる都市の使いこなし方が新たに提案されている。このアートの創造性を活かした都市環境デザイン、市民がこのプロセスを共有できる仕組みづくりが進められている。

相乗効果を期待した都市魅力戦略──欧州文化首都

　世界各地で古くからの歴史を持つヴェネチア・ビエンナーレを継承・発展させて、各国から芸術家を招聘した文化芸術祭が数多く開催され、地域活性化の成果を上げている。

　欧州においては、「欧州文化首都」というプロジェクトが1985年から始まっている。毎年選出された国や地域が、1年間にわたって集中的に文化芸術事業を推進するというもので、観光客の誘致や経済活性化に資することから近年においても活動が広がっている。2008年、イギリスのリバプールでの開催時は、港湾地域の再開発計画と国際芸術祭「リバプール・ビエンナーレ」と「欧州文化首都2008」を同時に計画して都市再生プロジェクトと連動させている。地域資産を活用しつつ新たな価値を創造し未来へつないでいくことを目標とし、市民、行政、企業が一体となってこれを推進して、まちづくりに相乗効果が出ることが期待されている。

　「欧州文化首都2008」のコンセプトは「The World in one city」と掲げられ、世界と文化でつながることを目指しつつ、地域資源の新たな活用をテーマにアートプログラムが企画され、観光や経済活性化に資するためのプログラムも数多く提案された。これら次世代につながる価値を生み出す試みが一定の成果をもたらしている。会期366日、プログラム

（左ページ写真）水都大阪フェスとおおさかカンヴァス推進事業が協働して実現した水辺の象徴。まわりに大阪の活動が集結した。「イッテキマスNIPPONシリーズ"花子"」（提供：水と光のまちづくり推進会議）

約7000、観客動員1500万人が訪れ、ボランティアも1000人を数え、経済効果も1260億円あったとされている。「産業衰退で自信を無くしたまちに活気を取り戻すきっかけとなった」と開催事務局の人も語っているという。

マージー川の河口のアートもそのきっかけをつくった一つであり、産業構造の展開に苦慮していた地元経済も、観光などの影響で、その後2倍に拡大したという推計もあるという。このプロセスを市民と協働することで、まちに対する自信を取り戻し、他地域から信頼を獲得して、投資環境を改善した。その発端がアートの展開だったのだ。

マージー川河口の水上に展開され、新しいまちづくりのきっかけを与えた「Another Place」
(©Jason Friend / Masterfile / amanaimages)

都市再生の起爆剤──水都大阪2009

2001年「水都大阪の再生」をもって都市再生を推し進めることとなった大阪では、地域資源の掘り起こしとして水辺環境整備を行い、市民と新しい価値を共有しつつ協働で未来へ引き継ぐ試みが行われている(詳細は3章参照)。「難波宮の頃から水とともに発展してきた水の都・大阪を再び見直し発信していこう」という共通認識のもと「水都大阪2009」が開幕される。テーマは、「川と生きる都市・大阪」。キーワードとして「連携・継承・継続」をうたい、基本コンセプトに次の3つを掲げている。①水都大阪の魅力を創出し世界に発信、②市民が主役となる元気で美しい大阪づくり、③開催効果が継続し都市資産や仕組みが集積されるまちづくり、である。展開方針は「アート」と「市民参加」。総合プロデューサーの北川フラム氏は「アーティストの参加はほとんどワークショップによって行うという破天荒な計画になった」と振り返っている。52日間で、171組のアーティストが、延べ650のプログラムを展開して、来場者数も約190万人に及んだ。

会場は「水辺の文化座」と名付けられ、水都大阪のプロジェクトとして整備された水辺の公園"中之島"を中心に開催された。少しずつ子供から大人まで市民が参加することで、徐々に姿を変えていく公園の風景。アーティストの作品は、対話型のものも多く、誰も完

形が見えない状況から徐々に姿を表してきた。相互補完的な活動であり、次へのまちづくりにつながる、一過性ではない現代のお祭りといえるものであった。「水辺の文化座」のマネージャーを務めた永田宏和氏のいう「不完全プランニング」が、市民自ら参加することで成長するまちのイメージを共有することにつながった。

1	2
3	4

1. 水辺の公園で52日間、子供が思い思いの作品に関わる「かえる工房」 2. 水辺の風を受けて表情を変える風を見る「Wind/mill 3000」 3. 船を改造して生み出された「ラッキードラゴン」 4. 水辺の風を受けてきらめく「ミラーチップイルミネーション」 （1～4 提供：水と光のまちづくり推進会議）

Chapter 2 ｜ 水辺を変えるアクション　33

まちの可能性を発見して、日常の風景とする試み
―水都大阪フェスとおおさかカンヴァス推進事業との協働

　2011年からは、「水都大阪2009」での経験を活かし、日常生活に賑わいを広げ、水辺や公園の使いこなしを魅力的にするための活動が始まった。その一つが、「水都大阪フェス―水辺のまちあそび」と銘打って開催したプロジェクトである。水辺を楽しく使いこなすこと、その楽しみをお互いが共有すること、そして、そのプロセスが、まちづくりの仕組みとなり、まちに愛着と誇りを持つことにつながる。このような目標を持ち、大阪で取り組まれている様々な活動を水辺に結集する試みが2011年から2013年まで続いた。水都大阪フェスでは、大阪府のアートプロジェクト「おおさかカンヴァス推進事業」と協働して展開している。このプロジェクトは、アーティストやクリエイターの想いを実現することに加えて、公共空間の活用、都市魅力の創造・発信を目的としており、まちの新たな使いこなしを公募型で実現しようとするものである。水辺の活用に関わる提案が数多く出され、水都大阪フェスとの協働開催により、水辺の新しい関わり方を示すことができた。

　アートとともに多様な市民の活動を水辺において展開するには、河川のみならず、道路、公園、警察などと包括的な協議を重ねる必要がある。安心安全な運用をベースに将来の使いこなしを魅力あるものにするため、少しずつでもいいから規制緩和が望まれる。アートの提案を実現するプロセスへの参画自体が、今後のまちづくりのあり方を問う挑戦となるのである。これをきっかけに、水辺空間の利活用が、誰にでも開かれた形で共有されることを目指したい。

（右ページ写真）
1. 浄化のボールを使用した「NANIWAZA（ナニワザ）／GREEN to CLEAN」
2. 水辺を探索できる「グラサンパンダを探せ！！」
3. 水辺の公園に出現した「中之島ホテル」
4. 水のあり方が印象的な「テレ金」（1〜4　提供：おおさかカンヴァス推進事業）
5. 水辺の公共未利用地「中之島GATE」でのアート展開。
　「ラバーダック」と井上信太「MuDA特区」（提供：水と光のまちづくり推進会議）
6. 維新派による水辺の劇場「透視図」（提供：ISHINHA、撮影：Yoshikazu Inoue）

1	2
3	4
5	6

Chapter 2 ｜ 水辺を変えるアクション　35

アートと協働する水辺再生

見捨てられた場所に光を当てる ── 中之島GATE

　アートとの協働で得られた価値は、水辺の都市再生に波及し始めている。行政所有の未利用地「中之島GATE」では、水都大阪フェスとの連携で得られたスキームを持ち込み、まちの価値を再発見して新たな活動が生み出されている。中央卸売市場に隣接する場所で、おおさかカンヴァス推進事業と連携し、新鮮な食材をテーマにしたイベントを開催。港湾地域であり、駅からの距離も遠いことから、実施を懸念する声もあったが、アートの力によって、人々の興味を引き、見捨てられていた場所に光を当てることができた。

　日常ではほとんど人がいない場所ながら、イベント期間中には、1日あたり1万人近く来場する結果となった。大勢の人々が集まって、楽しい時間を過ごせたことは、今後の水辺の賑わいづくりに可能性を開くものであった。アートとのコラボが相乗効果を発揮した結果といえる。

　また、それに続く形で、使われていない水辺空間に命を吹き込んだのは、次年度に開催された「維新派」の公演であった。主催者である松本雄吉氏は、おおさかカンヴァス推進事業を通して知り合いのパフォーマンス情報を知り、後に中之島GATEの現場を見て魅力を感じたという。「都市を歴史的かつ地理的に重層性を持って眺めるには、ぴったりの場所」と言い、劇団員自らの手で建設する劇場が水辺に生み出された。廃材を使った屋台と舞台、そして大阪をテーマにした芝居は、海側から眺めた水都大阪の風景の幻想的な魅力を伝えるものになっていた。

　これらアートとのコラボレーションによって生み出された価値が、連鎖して広がっている。現在では、中之島GATEにおいて、中之島漁港という活魚の市場と、取れたての新鮮魚介類を堪能できる食堂が、毎日営業をすることとなり、連日盛況となっている。水辺の価値を紡ぎ出し共有することが、新たなシナリオを生み出しているのである。

創造都市への展開 ── カルチャー10

　地域資産を掘り起こし、アートの力によって次の価値を創造し、共有するストーリー。関わる人が増えるほどに、シナリオが生み出されていく水辺を含めた都市再生。これが、アートの視点を活かした創造都市になる鍵であろう。「クリエイティブ・シティ（創造都市）」の

考え方は、欧州においては、イギリスのニューキャッスル・ゲイツヘッド、フランスのナント、スペインのビルバオなどで展開されており、現代アートや環境デザインによって、都市再生を成功させている事例が数多く見受けられる。

ニューキャッスル・ゲイツヘッドの都市再生の試みの一つである文化ツーリズム促進プログラム「カルチャー10」では、市街地各地で市民参加型の大規模なイベントが開催されている。日本から招待された東京ピクニッククラブは、都市空間を再発見する視点から各地でピクニックを開催し、最後に水辺空間で結集した展開をして、新たな水辺の可能性を市民と共有している。

そのいずれの都市にも共通するのは、産業の衰退から脱却するために、まず、地域資産の掘り起こしから始め、地域独自の環境を生み出しつつ、多様な関わり方をアートと協働しながら模索し、新たなまちの使いこなしを生み出している点にある。市民との協働により、そこから新たな物語が生まれ、観光集客にもつながり、都市再生を成功させている。

この都市再生の視点を水辺に広げていく模索が、世界各地で始まっている。改めて言うまでもないが、河川や港湾も含めた水辺の空間は、地域独自の水の流れを持っており、本質的に他地域との差異を宿している。水辺空間を地域独自の資産として共有できる都市で、新たな動きが起こり、アートによる価値の発見をきっかけにした、水辺の再生、活用が、競争と協働のネットワークとして広がることを期待したい。

2008年8月には、イギリスのニューキャッスル・ゲイツヘッドで10日間にわたるピクニック・プロジェクト「ピクノポリス」を実施（提供：東京ピクニッククラブ）

Chapter 2 ｜ 水辺を変えるアクション　37

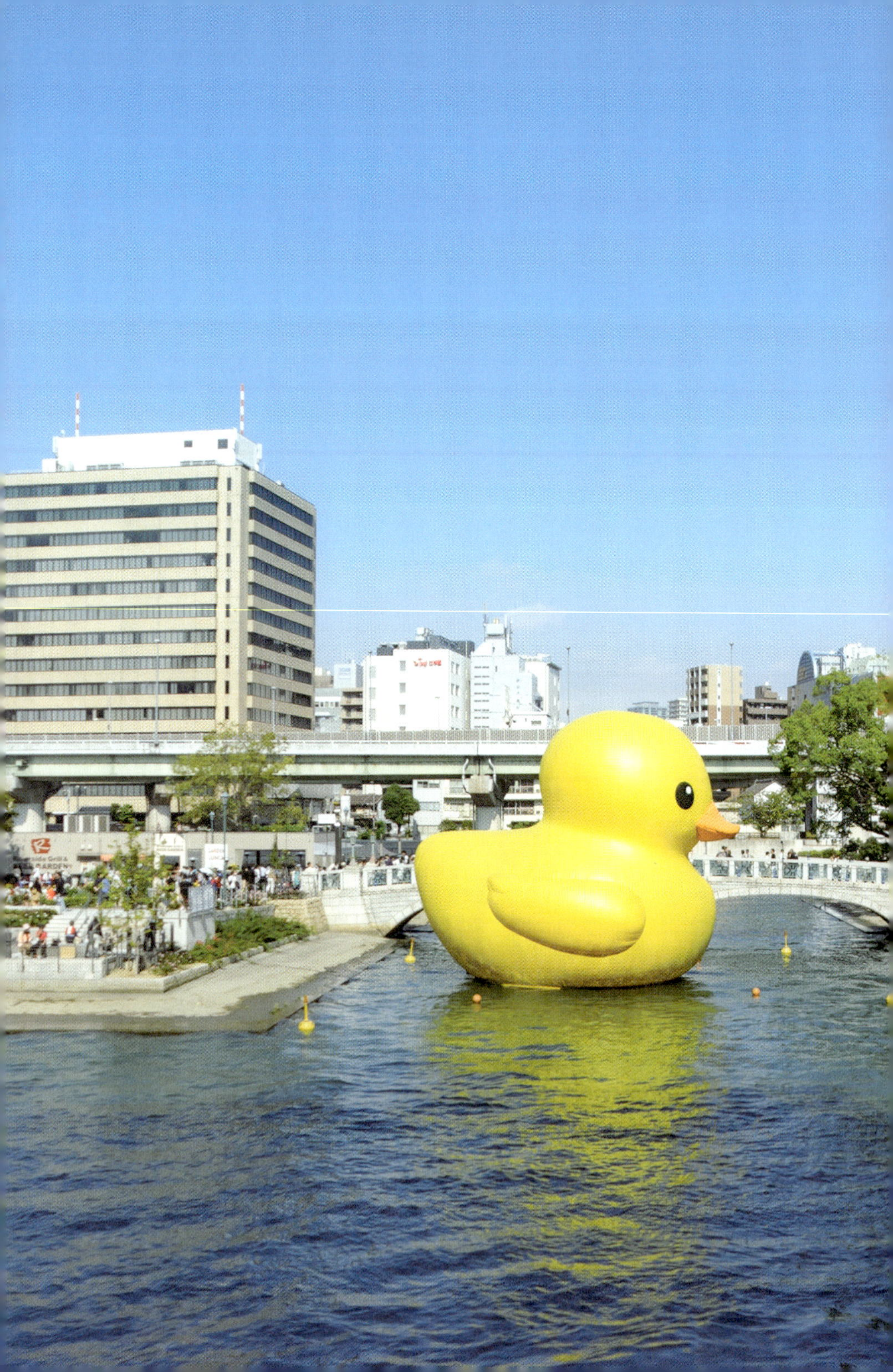

（提供：水と光のまちづくり推進会議）

CASE 03

川から
まちを巡る

川が人々の生活を分断し、建物が水辺に背を向けている都市は、水辺に人が出入りできないし、第一美しくない。だから、人々の関心を惹く対象にすらなりにくい。しかし、川からまちを眺める、まちから川を眺める、相互の自由な移動や目線を手に入れることで、人がその空間を使い、愛着を感じ伝播していく動きが現れる。

分断された川とまちをつなげ、回遊を可能にする取り組みが各都市で進んでいる。そのポイントの一つが、リバーウォークといわれる川沿いの遊歩道だ。徒歩や自転車で陸上を移動でき、旅客船・水上タクシー・カヌーなどで水上を移動できる。川に向いた店舗や住宅、パブリックアートやイルミネーション、自然環境など移動したくなる仕掛けをつくることである。
　水と陸を自由自在につなぐアクセスやモビリティは、都市のスケール感を体感できる良いツールになり、川を向いた都市構造に戻していくために不可欠な要素なのだ。

川沿いの拠点を徒歩・船・自転車で回遊 ― サンアントニオ

世界的に有名なダウンタウンの川の再生

　サンアントニオ市は、アメリカで7番目、テキサス州では2番目に大きい都市で、人口130万人。主な産業は観光と軍事基地で、リバーウォークやアラモ砦などが観光地として有名で、年間1000万人を超える観光客が訪れる。リバーウォークはサンアントニオ市のダウンタウンに位置する。
　川沿いにはホテルやレストランや物販店が並び、陸からでも川沿いのリバーウォークからでもアクセスできる。リバーウォークには17000本の植物が植えられ、管理も行き届いており、オアシスのようだ。それぞれの建物へは道路レベルより1階下がったリバーウォークから出入りできる。
　1960年代に河川沿いの不動産オーナーに呼びかけて、リバーウォーク修景と、建物を川に向けることをセットで進め、ヒルトンホテルが初めて川を向いて開業してから他が続々と続いた。リバーウォークはサンアントニオ市が所有し、パセオデルリオという非営利組織（1968年設立、構成員は周辺のホテル・飲食店・美術館など）が包括占用している。この組織がリバーウォークの陸側のイベントや施設、クルーズも含め総合的に観光プロモーションを推進している。
　リバーウォークの船着場では、待ち時間15分未満で、圧縮天然ガスを燃料とする環境に配慮したバージ（平底の船）に乗ることができる。年中無休で運航しており、独立記念日

（左ページ写真）川沿いの拠点「PEARL」とダウンタウンを結ぶタクシーバージ

に最も近い土曜日には、1日で13500人の乗船客がある。バージは周遊ツアー、タクシー、チャーターの3種類がある。ディナーバージは非常に人気があり、リバーウォークのレストランから料理を持ち込み、クルーズしながら楽しめる。

　バージ会社は10年に1回のコンペで、当選した事業者が独占で独自のサービスを行い、川の利用料を売上に応じて市に払い維持費をまかなうというユニークな仕組みで運用されている。

川沿いの拠点をつなぐ水辺改善プロジェクト
　サンアントニオ川のダウンタウンに位置する有名なループ状のリバーウォークは、その北部南部に拡大され、総長13マイル（約20km）が復元されて2013年に完成した。
　サンアントニオ川の改善プロジェクトは4つの範囲に分かれている。ミュージアムゾーンは、川沿いの建物をリノベーションした美術館やPEARLなどの文化施設や商業施設を、橋やパブリックアートで演出したリバーウォークで結び、経済活動や多世帯の住宅開発が進む環境づくりを実施。ダウンタウンゾーンは既存のリバーウォークを含み、歩道・照明や洪水調整機能を強化している。イーグルランドゾーンとミッションゾーンは世界遺産に登録されたミッションをつなぎ、生態系の復元やカヤックやマラソンなどレクリエーション環境が整備された。それぞれのゾーン特性に応じた再整備がなされたことにより、従来のダウンタウンのリバーウォークのみでなく、都市を貫く川沿いのエリアや施設がリバーウォークでつながり、レンタサイクルやタクシーバージで水陸からアクセスできるように都市の構造が大きく変化している。
　ダウンタウンの北部に位置する「PEARL」は、地元ディベロッパーが旧パール醸造所の跡を、料理学校・クリエイター集積地・オリジナル店舗・ホテル・住居などへリノベーションした水辺の拠点である。従来の観光地であったダウンタウンのリバーウォークからタクシーバージやリバーウォークで1時間かからずにアクセスでき、このような水辺の水陸拠点が点在するようになり、都市のスケールでさらに魅力が増している。

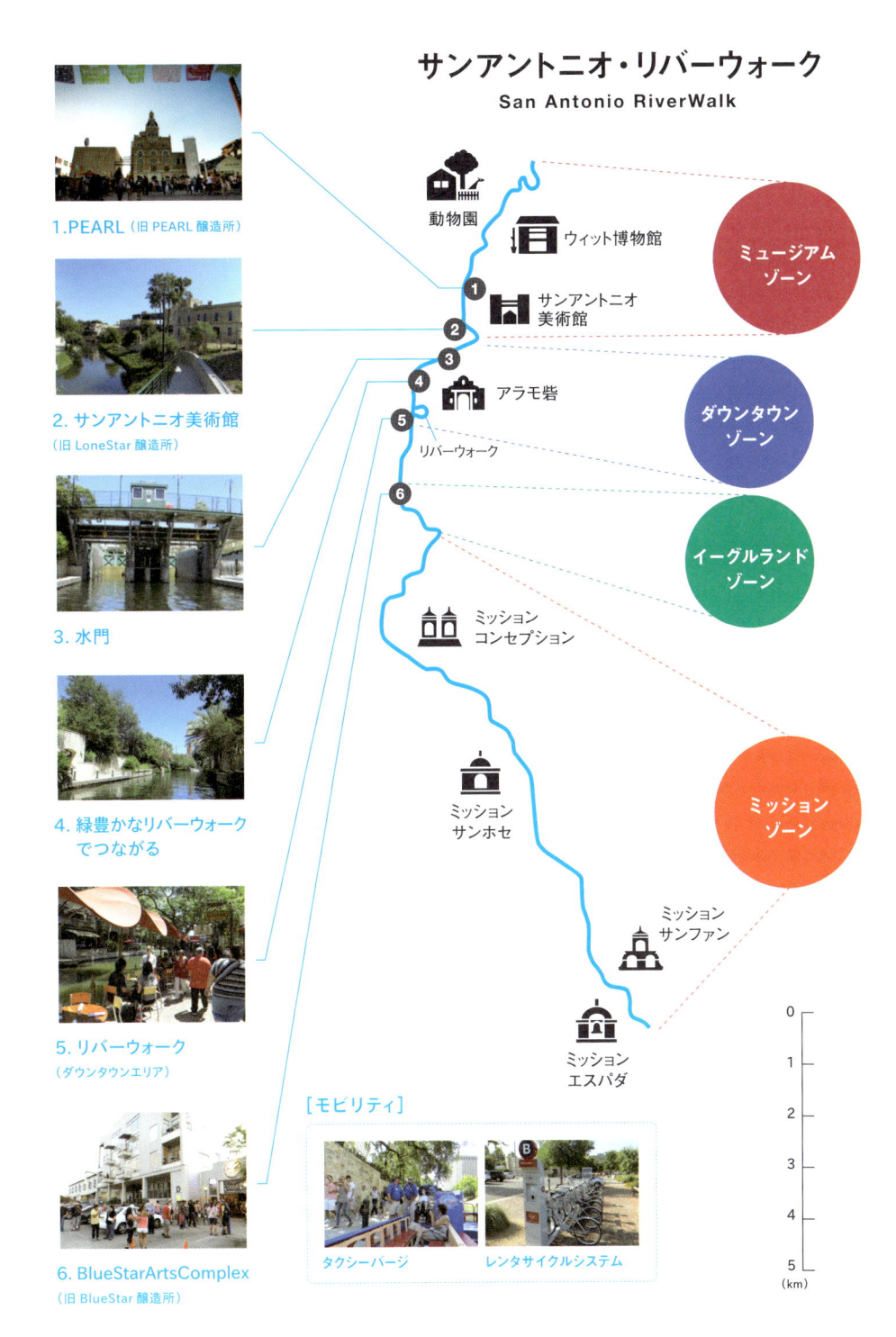

サンアントニオ・リバーウォーク
San Antonio RiverWalk

1. PEARL（旧 PEARL 醸造所）

2. サンアントニオ美術館
（旧 LoneStar 醸造所）

3. 水門

4. 緑豊かなリバーウォークでつながる

5. リバーウォーク
（ダウンタウンエリア）

6. BlueStarArtsComplex
（旧 BlueStar 醸造所）

動物園
ウィット博物館
サンアントニオ美術館
アラモ砦
リバーウォーク
ミッションコンセプション
ミッションサンホセ
ミッションサンファン
ミッションエスパダ

ミュージアムゾーン
ダウンタウンゾーン
イーグルランドゾーン
ミッションゾーン

[モビリティ]

タクシーバージ　　レンタサイクルシステム

Chapter 2 ｜ 水辺を変えるアクション　43

(上) 川に開いたヒルトンホテルとバージ乗り場　　(下) リバーウォークは歩行者と自転車が自由自在に移動可能

大阪のうまいを舟ではしごする？ — 大阪水辺バル

川からまちを巡る新たなまちあそび

　大阪の水辺は、以前はどこでも船がつけられ、そこを「浜」と呼んでいた。ここ10年、水辺の公園のリニューアル、船着場や水際の遊歩道の整備、新しいクルーズの登場、美しい水辺の夜景など、大阪の水辺は劇的に変化している。しかし、ほとんどの船着場は普段鍵がかかっていて人がいない、観光船以外は自ら船を楽しんでいる人はほとんどいない、陸と川のアクセスが両方楽しめる水辺の拠点が少ないなど、まだまだ使われていないのが現実。

　そこで大阪の強烈な個性である、食と船のコラボレーションで大阪独自のまちと川を巡る新たなまちあそびができないか？というきっかけで「大阪水辺バル」は生まれ、2011〜2013年の3年間、3度実施された。

　川と陸を結ぶ船着場を中心として、天満橋、北浜・淀屋橋、東横堀、中之島GATE、道頓堀、大正の6つのエリアを船で巡り、飲食メニューや水辺のプログラムなど、各エリアが準備するおもてなしメニューをはしご。店舗は、趣旨に賛同した97の飲食店が参加。大阪の大型船、小型船が総結集して、14隻の船で8つの船着場を結び、川を一周できる水の回廊となっている。また、バルチケットは飲食にもクルーズにも使えて、川から上陸して都市のスケールでまちを楽しめる。

[大阪水辺バル 2013 の航路マップ]

① 八軒家浜船着場 ⇔ 大阪市中央卸売市場前港（所要時間：40分）
② 八軒家浜船着場 ⇔ 淀屋橋港（所要時間：10分）　③ 淀屋橋港 ⇔ 八軒家浜船着場（所要時間：50分）
④ 八軒家浜船着場 ⇔ 日本橋船着場（所要時間：40分）　⑤ 日本橋船着場 ⇔ 大阪ドーム岩崎港（所要時間：35分）
⑥ 三軒家特設船着場 ⇔ 中之島 GATE 特設船着場（所要時間：25分）
⑦ 大阪市中央卸売市場前港 ⇔ 中之島 GATE 特設船着場（所要時間：10分）

イベントの日常化 ─ 年間パスの発行

　大阪水辺バルは期間限定のイベントであるが、以前の「浜」のように、船で乗りつけてまちに繰り出す風景が日常になるためのチャレンジである。途中で道頓堀のグリコに遭遇、パナマ式水門を通過、中之島の噴水の下を通る、カッコイイボートに乗る、気になっていたお店に入る、お客さんと盛り上がる、という非日常のような日常を体験できる。

　この水辺バルのアイディアをもとに、年間通じて楽しめる観光商品が開発された。「水都大阪満喫チケット」である。大阪水上バスや旅客船事業者、飲食店、大阪市交通局などのコラボで、水陸の魅力をセットで体感できる大阪らしい商品として、今後さらに利用者が増えることが期待されている。

1	2
3	4

1. 船に乗りながら、次に立ち寄るお店を決める　2. 各船着場に設置されたインフォメーションセンター／クルーズ整理券発行やチケット販売　3. ワンドリンク・ワンフードの特別メニューを楽しむ　4. 事前に船の扱いを練習する運営サポーターの皆さん

Chapter 2 ｜ 水辺を変えるアクション

CASE
04

ムーブメントを
おこす

水辺の魅力を丁寧に伝えること。それは、水辺の可能性をひらくもう一つのデザインだ。空間やアクティビティそのものをつくり出すだけではなく、市民一人ひとりの心に響くかたちで届けることができれば、都市の水辺はもっと愛される場所になっていくに違いない。

水辺にチャレンジと創造性を結集 — 水都大阪サポーター・レポーター

　2011年から開催されている水都大阪フェスでは、①都市の水辺の魅力を使いこなす、②水辺の楽しみを分かち合う、③水辺を中心としたまち「大阪」に誇りと愛着を持つ、という３つの目標を実現するために、様々なチャレンジを結集してきた。サポーター・レポーターと呼ばれる市民ボランティア活動がそのチャレンジの一つである。それは市民が水辺でやってみたいと感じていること、あるいはやって欲しいと思っていることを市民自身の活動により叶えるという枠組みである。サポーター・レポーター自身が、魅力的だと考えるアイデア、楽しいと思う過ごし方、嬉しいと感じるコミュニケーションを展開することにより、ホスピタリティの高いおもてなしを実現している。

サポーター・レポーターがつくる都市の個性

　いつも何かが起こっている素敵な水辺、水都大阪では、その姿を目指している。実際、水辺ではヨガやパドルボート、パブリックアート、ワークショップなどの様々なプログラムが展開されている。しかし、単にそれらのプログラムが実施されるだけでは、水辺の魅力が広く伝播されない。楽しいムードをつくり、参加しやすい状況を生み出し、より多くの人々に関わってもらって初めて、ビジュアルとしての水辺の魅力が見えてくる。その役割を果たしているのがサポーター・レポーターである。

　サポーターは、時には来場者をもてなし、時には体験型プログラムを実施する。レポーターは、水辺の魅力を取材し、それを個性あふれる記事にし、ブログやSNSで発信する。水都大阪フェスでは、通常のイベントのようにプログラムやイベントを来場者数や売上のみで評価するのではなく、関わった人たちの想いや協働のプロセスを評価軸に加えることも含まれている。つまり、サポーター・レポーターの取り組みそのものが評価の対象であり、彼らが楽しく、豊かで、創造的に振る舞うことが都市の魅力となり、個性となることを重要視している。

（左ページ写真）上：市民とのコミュニケーション　下：サポーター・レポーターが醸し出す楽しく明るい雰囲気

多様な参加の機会設定、ビジュアルデザイン

　サポーター・レポーターは、水辺やプログラムに関する情報を市民に伝達することが役割であるが、その関わり方として、以下のような多様な機会設定がなされている。
　A：水都大阪のコンセプトに共感し、水都大阪のファンとなる
　B：フェス当日に参加し、あらかじめ設定された活動内容に取り組む
　C：準備段階から活動に参加し、当日だけでなく継続的に活動に参加する
　D：サポーター・レポーターの活動ルールを話し合う、決定する
　E：市民ニーズを反映した水都プログラムを企画する、実施する
　F：サポーター・レポーターのチームリーダー（コーディネーター）となる

　参加する市民は、自分のスキルや使える時間、興味に合わせて機会を選択することができ、個人の都合にあわせて無理なく活動参加できる。そのため、市民自身が元々持っているアイデアや特技、情熱を披露するチャンスが広がり、水辺にたくさんのプログラムやおもてなしが結集される仕組みとなっている。
　さらに、取り組みをわかりやすく、印象的に拡散していくためには、統一されたビジュアルアイデンティティが必要である。水都では、サポーター・レポーター専用のロゴとして、折紙船をモチーフとしたマークを開発した。また、鮮やかな空色や水の色をイメージさせるシアンブルーを採用したTシャツを制作した。サポーター・レポーター全員がTシャツを着用し、会場全体が青く染まる水辺の状況を「おもてなしブルー」と呼んでいる。
　この水辺が青く染まる光景が水都大阪の風物詩となり、水辺の日常となることを目指している。

水辺の未来に向けて始動する — ミズベリング・プロジェクト

オープンでクリエイティブなプロジェクト

　ミズベリングプロジェクトは日本の水辺が未来に向かって動き出すことと、人がつながり地域に新しい創造力の流れが生まれることを願って2014年春にスタートした。水辺の知恵や工夫が新しい観光資源や地域活性につながり、それぞれのまちの魅力になっていく

1	2
3	4

1.会場運営を支援するサポーター　2.フェス開催前の自主ミーティング　3.サポーターによる水辺のおもてなし
4.市民のニーズの聞き取り

Chapter 2 ｜ 水辺を変えるアクション

ことを応援するキャンペーンプロジェクトとして誕生したものである。

　このプロジェクトの特徴はオープンでクリエイティブであることだ。国土交通省水管理・国土保全局河川環境課が主幹しているが、建築家やクリエイター、デザイナーなどが集まって各方面の連携を促進する主体的で活発な事務局として機能している。水辺に関する多様な動向を把握し、いつもユニークな一歩先を考えることにワクワクしているプロジェクトチームだ。毎週火曜午後3時に定例会議をしているが、関心のある人や連携を希望する人は自主的にプレゼンテーションをしてもらう場をつくっている。新しいアイディアは会議で生まれるのではなく、出会いから生まれる。いま事務局には、全国各地の自治体や企業や水辺好きな市民からの問い合わせや連携の申し出が絶えない。

　これまで東京隅田川を起点に北海道から鹿児島まで、ほぼ30カ所で「ミズベリングご当地会議」が開かれ、ミズベリングの解説と創意形成型のワークショップが行われてきた。地域で水辺を変えたいと表明した人のところにプロジェクトメンバーが駆けつけるが、問題解決や合意形成はしない。「創造する意欲を高めること」「異なる視点を提供すること」「柔軟で高い次元の対話を促すこと」をマネジメントし、水辺のことを軽快でポジティブに考えてもいい場をつくっている。

　この会議は、無関心層を巻き込む起爆剤に使ったり、市民、企業、行政のオープンな対話の場にしたり、川の催事に絡めた地域プログラムにしたりと、様々な工夫がされている。そうして水辺を活かしたまちづくりを標榜する地域の中に、確実にミズベリング志向が広がっている。地元で新しいことに挑戦する熱意ある人と事務局がつながることで、他の地域や異なる領域の熱意ある人を結んでいる。

　「水辺に恋をして」。これがいまミズベリングWEBサイトで人気の動画シリーズのタイトルだ。水辺と共に生きることに人生の舵をきった人の言葉を紡いでいる。「海に恋した人がいるように、山に恋した人がいるように・・・」と始まる映像には、水辺が好きで好きでたまらず、新しいことに挑戦した人の姿がある。水辺の開発やまちづくり利用に向かう前に知っておくことがある。水辺に愛情を持って接する人の幸せそうな語り口の中におだやかなメッセージを感じてもらえるとうれしい。

共感のネットワークを広げる

　先日「水辺で乾杯」という企画をやったら、スゴイことが起きた。7月7日7時7分タナバタイムに乾杯すれば日本の水辺はちょっといい感じ。全国一斉社会実験水辺関心創造アクション「水辺で乾杯」。最も身近ないつもの水辺を創造的にイメージする人が増えると、知らなかった地域の魅力がきっと見つかる、と呼び掛けた。

　要は近所の水辺で7月7日に乾杯したらどうか、と言ってみただけなのだが、全国で130ヶ所以上の水辺を舞台に、延べ4000人を超える人が7時7分を合図に一斉に乾杯の声を上げるという奇跡のような現象が巻き起こったのだ。ミズベリングのHPには、お気に入りの水辺で乾杯をした風流を知る、粋な大人たちの自慢気な笑顔が日本地図の上にちりばめられているので是非見てほしい。

　これといって目立った構造物を作らなくても、特別な催しがなくても、すごいリーダーがいなくても、日本の水辺が誇らしくちょっといい感じでつながった瞬間だった。プロジェクトを始める前、多くの人が私に日本の水辺は古くて重くて複雑で難しいと助言をしてくれたがそうでもなかった。

　水辺は人の笑顔が咲く場所だった。

　いまチームの中で「はみだしモノ」が話題だ。中央でも地域でも行政でも企業でもNPOでも、組織からちょっとはみだしている人が水辺のモノゴトを動かし始めていると実感するからだ。飛び出してはいない、はみだしている。アンテナが高く連携が早く、なにより笑顔がいいという特徴がある。いま水辺の未来に取り組む人は生き生きと輝いている。ミズベリングはそんなはみだし者たちを応援し続け、大きな世界とつながる場所になれば素敵だと思っている。

ミズベプライドを育む

　昨今、コミュニティデザインが盛んに叫ばれているが、人と人とのつながりや関係性を直接的につくり出すのはなかなか難しい。不特定多数の人が暮らす都市での人のつながりは、ますます希薄になりつつあるし、そもそも都市というシステムは、濃密な人と人とのコミュニケーションを避けるために機能してきた面もあるだろう。いま水辺が注目される理由のひ

とつは、そこが人と人とのつながりをつくる場となるポテンシャルが高いからである。人と人とのつながりは直接的に向き合ってコミュニケーションを行うだけではなく、何かの媒介を通じてコミュニケーションを行うことで、普段とは違った親密で円滑な関係性が構築されることがある。例えば、ポスターセッションという場でのコミュニケーションは、壁に貼られたポスターをお互いが見ながら議論をする形式をとることで、単なるディスカッションではなく、ポスターがあることで論点が明確になったり、考えが伝わりやすかったりする。同じように水辺は、人と人とのコミュニケーションを円滑にする媒介として機能する。そこに人が集まり、同じ水辺を眺めるだけで、直接的なコミュニケーションはなくても、同じ時間と空間を共有することで、なんとなくの共感が生まれている。さらに、何かもう少しのきっかけが加われば、そこに集まる人たちのコミュニケーションが始まることも珍しくはない。

　このような水辺を介したコミュニケーションを進めることは、都市のコミュニティの形成にもつながる。その際に重要なことは、水辺の魅力を丁寧に市民の心に伝えることだ。その魅力に共感が集まり、人々が水辺に対する愛着を高めることで、そこにはある種の一体感が育まれていくだろう。さらに、その水辺に自ら積極的に関わり、その場所をより良くしていこうという人たちが増えていくことで、都市の水辺はますます魅力的になり、人々を惹きつけ、活発なコミュニケーションが生まれる場所となるだろう。そのようにして、ボランティアに参加したり、いろいろなアイディアを実践したりする人たちの波が全国に広まりつつある。

　水辺に対する誇りや自負心のきっかけは、その場所の魅力に共感することから始まる。そして、それを支えるのは、うまくデザインされた情報の伝達の仕組みではないだろうか。ボランティアの気持ちを素直に表現できるツールや機会のデザインや行政という立場を越えてチャレンジする姿勢は、水辺に関わる人たちのプライドを刺激している。水辺に対するプライドは、人から人へそしてwebなどのメディアを通じてネットワークを広げている。まさに、水が地面に浸透していくように、市民の一人ひとりの気持ちに沁みわたっていく。情報の伝達をデザインすることは、水辺の空間やアクティビティそのものをつくり出すわけではないが、水辺を魅力的にするもう一つの重要なデザインなのである。

1	2
3	4

1. ポートランドイノベーショントークス（2015年1月）　2. 新しい遊歩道に集う人（ミズベリング熊本白川74）
3. 飛騨高山での「水辺で乾杯」。宮川を舞台に（2015年7月7日）　4. 東京日本橋川のクルーズで歓喜する外国人客

Chapter 2 ｜ 水辺を変えるアクション　　55

CASE 05

物語を届ける

水都の代表的な景観をつくりだす橋。東京、名古屋、大阪、いずれの都市にも、"100年"を超える橋があり、それら名橋には、橋を大切に見守り、次代へとつなぐ活性化に取り組む"橋守"たちがいる。地域コミュニティの"境界線"である橋を中心に据えれば、人・まち・水辺が再びつながる。

時代を超える100年の橋

　浪華八百八橋——。江戸時代、大阪はそう呼ばれるほど多くの橋が架けられていた。都心部に張り巡らされた堀川とともに、全国から物資が集まる「天下の台所」を支え、人々の生活や都市の発展に重要な役割を担ってきたのである。

　また豪商淀屋常安が私費で架橋し管理した「淀屋橋」、浮世絵にも好んで描かれた「天神橋」「天満橋」「難波橋」の浪華三大橋、ライトアップされた優雅な姿が印象的な、元可動堰「水晶橋」など、歴史をいまに伝え、水都を代表する景観をつくりだす橋は、大阪の水辺を語るうえで欠かすことができない存在といえる。

　こうしたなか、大阪城の外堀として開削された東横堀川に架かる「本町橋」が、2013年に100歳を迎えた。名古屋でも、同じ2013年に、尾張名古屋の基軸であった堀川の開削当初に架けられた「堀川七橋」の一つである「納屋橋」が、東京では、日本の道路の起点である「日本橋」が2011年に100年を迎えた。いずれの橋も、水運の時代から物流の拠点として発展し、その主軸が陸路へと移ってもメインストリートの一つとして繁栄してきた名橋である。

　そして、これら"100年の橋"には、名橋を大切に見守り、次代へとつなぐ活性化に取り組む、地域主体の"橋守"たちがいる。架橋100年を機に設立された、大阪の「本町橋100年会」、名古屋の「レトロ納屋橋まちづくりの会」、そして40年以上にわたって活動する、東京の名橋「日本橋」保存会である。

　川に架けられ、両岸のまちを結ぶ橋は、地域コミュニティからみれば、"境界線"であることが多い。しかし"100年の橋"を中心に据え、いま一度、人とまちと水辺をつなぐ"橋守"たちの取り組みを紹介する。

水の回廊を巡る小型船基地を目指して ― 本町橋100年会

　本町橋は、豊臣秀吉が大坂城築城に際して、東横堀川を開削した際に架けられたと言われるが、現在の橋は本町通が市電道路として拡張されるのにあわせ、1913年5月に架け

（左ページ写真）日本橋では毎年7月に約1800人が参加して橋洗いが行なわれる（提供：名橋「日本橋」保存会）

られた、大阪市内最古の現役橋である。大正期を代表する国産鉄橋として、全国的にも希少価値が高く、橋脚などに施されたルネッサンス様式の意匠が美しいことから、2012年に大阪市指定文化財にもなっている。

　しかし地元でも、そうした名橋としての認知度は決して高くない。橋の上を高速道路の高架が覆い、水辺から美しい橋のアーチが眺められる場所もないことから、橋と気づかず通り過ぎる人も多いほどである。

　そこで架橋100年を機に、周辺の住民や企業、店舗などで「本町橋100年会」を立ち上げ、まずは本町橋への関心を高めてもらおうと、船上から本町橋を眺めるクルーズや講演会を実施した。また本町橋が「大坂・冬の陣」の主戦場の一つであったことから、決戦からちょうど400年後にあたる日（2015年1月17日）に講談「本町橋夜襲」でその歴史を学ぶなど、名橋としての認知度向上に取り組んでいる。

　なかでも、本町橋の欄干に歴史資料や写真など100枚を、3カ月にわたって展示した橋上展覧会「本町橋　いま・むかし展」は、本町橋と界隈の魅力を広く発信する機会となった。江戸時代の本町橋や相撲に見立てた橋の番付表、明治時代にたもとに建てられた府立大阪博物場、大正時代の川沿いに並ぶ染物屋、市電が開通した当時の本町通、昭和初期の荷物舟が行き交う様子、第二次大戦直後の一面の焼け野原に残る本町橋などの展示資料は、地元の人たちに改めて歴史を思い起こさせ、多くの人が橋の途中で立ち止まって資料を眺め、往時を懐かしんだ。

　一方、現役ワーカーや来街者にとっては、橋の周辺が木綿問屋や呉服屋、古着屋が軒を連ねる、大阪の経済を支えた「糸へん」の中心街であったこと、また江戸時代には西町奉行所が、明治以降には初代大阪府庁や商品陳列所などが設けられ、行政の中心としても栄えていたことなど、改めて橋や界隈の歴史を知るきっかけとなった。

　また橋のたもとに住む方から、阪神高速道路建設（1965年）前と建設途中の様子を、自宅から撮影した写真が寄せられ、これらも貴重な資料として展示することができた。

　こうして本町橋への関心が徐々に高まるなか、2015年5月、本町橋のそばに、東横堀川で初となる「本町橋船着場」が完成した。大阪都心部を囲む"水の回廊"を巡る小型船基地「本町橋BASE」として、新たな水辺の賑わい拠点を目指していく

本町橋100年会のロゴマーク

1	2
3	4

1. 本町橋。1913年に架けられた、大阪市内最古の現役橋（提供：大阪市建設局）　2. 手漕ぎボートから、本町橋を間近に楽しむ（提供：日本シティサップ協会）　3. 本町橋船着場開設記念式典（2015年5月）（提供：本町橋100年会）
4. 小型船で本町橋の下をクルージング（提供：東横堀川水辺再生協議会）

Chapter 2 ｜ 水辺を変えるアクション　59

予定だ。水都大阪には、既に数十人〜100人規模の船から、10人乗りの小型船、またカヌーやスタンドアップパドル（通称：SUP／サップ）といった無動力船まで、様々な船が運航されているが、今後のさらなる舟運活性化に向けては、小型水上タクシーや無動力船など個々人がもっと自由に水上を楽しめる環境が不可欠である。そこでそうした小型船無動力船の基地を目指していく。

　本町橋のそばで生まれ、70年にわたって橋を見守ってきた「本町橋100年会」の西口会長は、水辺で遊んだ子供時代の思い出を振り返り、「いま一度、すばらしい本町橋を眺め、水辺に親しめる名所に」と期待を語る。

　本町橋100年会では、毎週の清掃活動のほか、毎年10月には地元区役所とともに「橋洗い」も実施しており、今後も本町橋に対する誇りと愛着を育み、次の100年にむけた活性化に取り組んでいく。

（左）水の回廊を巡る小型船基地「本町橋BASE」の将来イメージ（提供：大阪商工会議所）

（右）荷物舟が行き交う昭和初期の本町橋（提供：大阪市建設局）

青空の見える日本橋、品格あるまちづくり — 名橋「日本橋」保存会

　東京では、日本の道路の起点である日本橋が、2011年に架橋100周年を迎えた。徳川家康の命で1603年に架橋された初代の橋から数えて20代目に当たる現在の橋は、近代化が進む東京のシンボルとして、1911年に当時の最高の建築土木技術を用いて建設された、秀麗な石橋である。

　関東大震災、東京大空襲をも生きぬいた地元のランドマークであったが、1963年に首都高速道路によって日本橋の上部が覆われたのを機に、少しでも良い状態で日本橋を後世

に残したいとの思いから、名橋「日本橋」保存会を1968年に設立。毎年7月には、車両を止めて約1800人が参加して「橋洗い」が行なわれるなど、江戸時代から日本橋とともに歩んできた地元老舗企業や地域住民らが連携し、名橋を保存しまちの活性化を図ろうと、40年以上に及ぶ取り組みが行われている。

　日本橋は、架橋88周年を迎えた1999年5月13日に、国道の道路橋として初めて国の重要文化財に指定され、架橋100周年の2011年4月には日本橋船着場が完成し、坂田藤十郎丈・市川團十郎丈による「日本橋船乗り込み」や、日本橋船着場にて「双十郎河岸石碑除幕式」が盛大に行われた。

　現在は、船着場を活用した観光舟運が定着するとともに、東京都が進める、河川敷地にテラス席を設ける日本橋川「かわてらす」社会実験など、日本橋が楽しめる新たな賑わいづくりにも発展している。

歴史を紐解き、次代につなげる ── レトロ納屋橋まちづくりの会

　一方、名古屋の納屋橋でも、2013年の架橋100年を機に名古屋の繁栄を象徴した歴史を紐解き、次代につないでいこうとする取り組みがスタートしている。

　明治以降、納屋橋は、名古屋駅と市街地を結ぶメインストリートと、名古屋港への輸送路となった堀川が交差する水陸の玄関口となり、1913年に鋼製アーチ橋が架橋された。1981年の大規模改築工事では、できるかぎり大正モダンな旧橋の姿を残そうと、欄干が移設され、以前の面影を伝えるアーチが飾りとしてつけられている。

　納屋橋が接する東西南北の4地区は、町会も学校も商店街もすべてが分かれ、納屋橋はまさに地域コミュニティの境界線であったが、地権者が中心となって実行委員会を設立、2013年5月に祝いの儀式である「3世代渡り初め」などの記念事業が行なわれた。

　その翌年に「レトロ納屋橋まちづくりの会」に衣替えし、納屋橋そばの堀川沿いの遊歩道を活用した「堀川フラワーフェスティバル」や「なやばし夜イチ」などに協力、継続的なまちづくりに取り組んでいる。

レトロ納屋橋まちづくりの会
ロゴマーク

（左）納屋橋開通式（所蔵：栗田昌樹）
（右）毎月1回開催されるナイトマーケット「なやばし夜イチ」（提供：納屋橋夜イチ実行委員会）

100年の橋が、都市の水辺アクションをリードする

　大阪の「本町橋」、東京の「日本橋」、名古屋の「納屋橋」――。これら"100年の橋"と周辺地域は、いずれもかつて都市の発展をリードする存在であったが、鉄道や自動車などをメインとする都市構造に変化するなかで、その中心からはずれていったエリアである。

　しかしどの橋にも、100年前の建設当時の最高水準の建築土木技術が用いられ、また意匠を凝らした美しく堂々としたデザインからは、橋にかけた先人たちの心意気や挑戦が強く感じられる。だからこそ、この"100年の橋"という貴重なハードを活かし、企業や住民などの地域が主体となった"橋守"たちが、次の100年に向かって新たな活性化に取り組もうとする、ソフトの動きが生まれてくるのであろう。

　橋や水辺は地域コミュニティの"境界線"であることが多いが、逆転の発想で"橋守"がこれを中心に据えれば、両地域がつながり、それぞれの魅力や資源、ネットワークを活性化に結びつけていくことができる。

　再び人間中心の都市を目指し、国内外で水辺からのアクションが起こりつつあるいま、水辺ならではの特徴的な景観や空間的魅力を象徴する橋は、都市のリノベーションをリードしていく、大きな可能性を秘めているのではないだろうか。

1	2
3	4

1. 日本橋川「かわてらす」社会実験（提供：日本橋地域ルネッサンス100年計画委員会）
2. 納屋橋。1913年に架橋された鋼製アーチ橋（提供：レトロ納屋橋まちづくりの会）
3. 日本橋。1911年に建設された日本の道路の起点　4. 日本橋の橋洗い（提供：名橋「日本橋」保存会）

Chapter 2 ｜ 水辺を変えるアクション

CASE 06

シンボルを
つくる

日常から切り離され、忘れ去られた水辺がダイナミックに変化して人のための空間に変貌を遂げれば、それは新たな都市のシンボルとなり、人々は水辺に足を運ぶようになる。その変化が都市再生の象徴となる。主役は水辺と人だ。

清渓川の衝撃 — ソウル
（チョンゲチョン）

　ソウル都心の中心部を貫通する高架道路を撤去し、かつての河川水辺空間を取り戻す。画期的な都市再生プロジェクトとして知られる清渓川復元事業は、2002年に計画が発表され、2003年に着工、2005年に完成というめまぐるしいスピードで実現された。

　1960〜70年代に建設された高架道路を解体・撤去するとともに、都心を流れる全長5.84kmの暗渠も取り去って、清渓川は生まれた。

　いまでは、昼でも夜でも多くの市民が訪れる場所として、そして週末にはイベント会場として利用され、清渓川はソウルの新たな顔として定着した。ソウル再生のシンボルとして、観光客も必ず訪れる名所となっている。

　かつての排ガスをまき散らす渋滞道路が魅力的な水辺に変わるというダイナミックな転換が、ソウル中心市街地のポテンシャルを可視化し、その都市再生は着実に進んでいる。漢南に比較してその相対的地位の低下が指摘されていたが、次第に新たなまちづくりが活発化し、周辺の土地利用の変化ももたらしている。清渓川はソウルが変わるというメッセージを世界に発信するとともに、周辺のまちにその効果を波及させていることが大きな特徴となっている。

　都心の自動車交通の動脈であった高架道路を単に廃止すれば、たちまちソウルは大渋滞となってしまう。周辺住民や事業者にとってもその影響は計り知れず、商売への影響など不安に思う人々も少なくない。実際に大反対運動も巻き起こった。

　清渓川は環境プロジェクトであるとソウル市はいう。自動車交通を抑制し、公共交通や人中心の交通にシフトさせる。そして市民の憩いの場をつくる。水質浄化と、水辺の生態系を生み出すとともに、ヒートアイランド現象の緩和を狙う。こうした目指すべき都市の縮図が清渓川であるという。

　たしかに、このプロジェクトの実現には、市全体の交通政策の見直しや、住民との丁寧な話し合いとまちづくりの将来像の議論、最先端の環境技術の導入など、先端都市政策の総合的な注入が欠かせない。いわば、次代都市の縮図としての象徴が清渓川なのだ。

（左ページ写真）たくさんの人々が憩う清渓川の日常風景

都心の貴重なオープンスペースとして常に賑わう清渓川

かつての高架道路の橋脚を事業の記念碑として残している

水辺都市再生の象徴 ― ビルバオ

　スペイン北部、バスク地方の中心都市として知られるビルバオは、かつては周辺で採掘される鉄鉱石によって、工業都市として成長を遂げた。その中心となったのがビルバオの中心部を流れるネルビオン川沿いの港湾、工業施設であった。しかし、20世紀後半には工業の衰退とともに、水辺は低未利用化が進んでいった。産業の衰退、環境の悪化という悪循環のなかで、ビルバオでは1980年代以降急速に人口が減少。その結果、かつてのビルバオを支えた沿川の産業地帯は環境汚染を抱えたまま打ち捨てられ、都市イメージをさらに悪化させていくという悪循環に陥った。

　こうした流れを断ち切るべく1990年代から工業に変わる新たな産業の創出や、公共交通を中心とした都市の実現などを目指した転換が始まった。

　なかでも、象徴的なプロジェクトとして位置づけられるのが、ネルビオン川沿いのかつての産業エリアの再開発として取り組まれた、グッゲンハイム・ビルバオ美術館と、美術館に隣接するアバンドイバラ地区再開発だ。ビルバオという都市の情報発信力の強化、重工業からの産業構造の転換、環境再生といったビルバオの新たな都市再生のシンボルとして、国際的に知名度の高い美術館の誘致建設に取り組み、1997年にグッゲンハイム美術館は約130億円の巨費を投じてオープンした。100万人を超える入場者数を記録するなど、その効果は大きく、2000年にオープンした国際会議場とあわせ、文化産業の中心地としての知名度を高めることに成功している。

　アバンドイバラ地区の再開発は、ビルバオ大都市圏の都市再生の推進機構であるビルバオ・リア2000が手がけた。都市の中心部に立地するこの地区は、約35万㎡の広さを有しており、最近まで港湾施設やコンテナ用の鉄道駅、造船所が立地していた。

　シーザー・ペリのマスタープランに基づいて、アバンドイバラには、レジャーやビジネス、文化、住宅地、緑地、河岸などが順次整備されているが、それは以前のように都市空間を分断するバリアではなく、既成市街地とつながる都市全体の屋台骨として機能する。

　並行して実施されたネルビオン川浄化計画と併せて、まさにネルビオン川周辺は見違えるほどの姿に生まれ変わった。

（右ページ写真）ネルビオン川流域都市再生の象徴となったグッゲンハイム・ビルバオ美術館と遊歩道

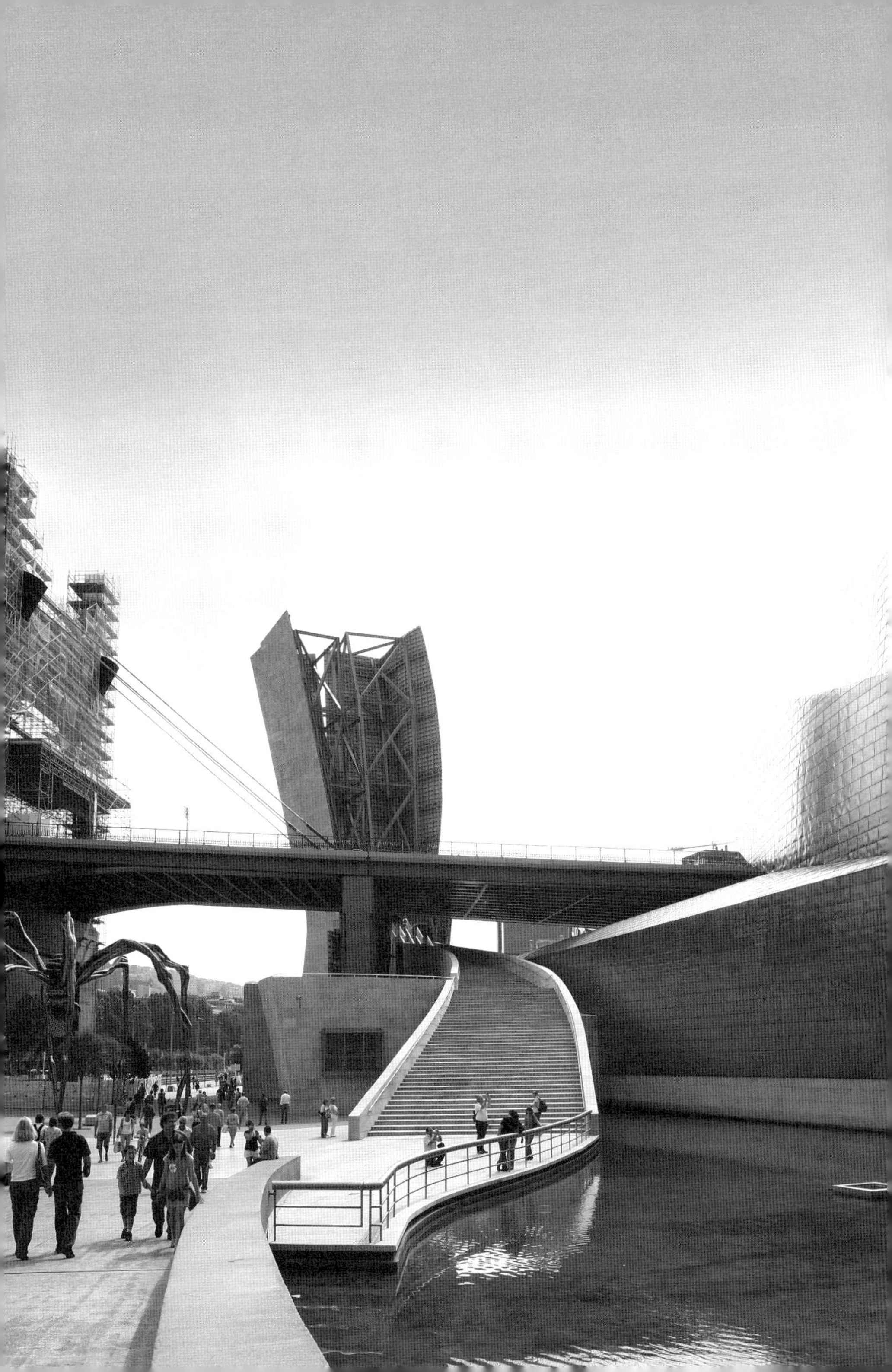

（上）カルトラバの設計によるカンポ・ヴォランティン橋で対岸と結ばれる
（下）市街地とはＬＲＴで結ばれ、高低差も橋梁や建築でつながれている

都市のエッジを中心に変える ― マドリッド

　スペインのマドリッド市周辺の道路は、モータリゼーションにより、深刻な交通問題を引き起こしていた。環状道路 M30 は交通量の増加に伴い、渋滞の慢性化、騒音、排気ガスによる周辺環境の悪化、市街地の分断などが問題となった。その解決に向けて、マドリッド市および民間の共同出資の事業体である Madrid Calle 30 が設立され、ジャンクションの再整備、道路の地下化などの事業が進んでいる。

　M30 環状道路改造プロジェクトは、東西南北の4工区にまたがる15のプロジェクトの集合体として成り立っており、その目的は、①交通問題の改善、②環境負荷の低減、③河川周辺環境の改善、④地域コミュニケーションの改善、⑤交通事故比率の低減、⑥市民生活の質向上の6項目が挙げられている。交通政策を基軸としながら、水辺の活性化、周辺のまちづくりを総合的に捉えた例といえるだろう。

　環状道路という構造は放射状に延びる郊外アクセス道路との合流が必要とされるため、その地下化は単純な構造の道路と比べて格段に難易度が高い。こうした問題を解決するため、日本の持つシールドトンネルの掘削技術を導入するなど、当該プロジェクトには最先端の技術が活用されている。

　マドリッド市街地を貫流する唯一の河川であるマンサナレス川は M30 路線で囲まれており、高速の地下化を契機に、親水性、景観、自然環境に配慮したマンサナレス川水辺空間整備のための取り組みがマドリッド・リオとして計画された。マスタープランは国際コンペによりドミニク・ペローらにより策定され、アルガンズエラ公園という新たな親水公園がつくられ、市民の憩いの場所となっている。前は高速道路だっただけに、その劇的な変化に市民も驚き、いまでは都心の貴重なオープンスペースとして親しまれている。

　従来、都市の縁であった場所を市民の憩いの場として再生させることで、次代に相応しい都市へと転換し、新たに求められる要請に適応させている。何よりも、高速道路によって近づくことのできなくなっていた水辺が再び人々に取り戻されたという都市の物語は、マドリッドが目指している姿を人々に伝えている。

1	2
3	4

1. 高速道路の撤去と地下化工事の段階（2008年）　2. 遊歩道沿いにはカフェや高架下を活用した遊具も
3. マドリッド・リオによって地下化された高速道路跡は親水公園に
4. ドミニク・ペローの設計によるアルガンズエラ歩道橋。マンサナレス川の両岸は歩道橋で結ばれ、アクセス性が向上

都市の変化を伝えるメッセージ

　水辺は都市のイメージを一変させるポテンシャルを持つ。その変化が前後で大きく異なる場所であればあるほど、その効果は大きい。特に忘却空間となっていた水辺では、その見違えた姿は都市が変わりゆく象徴になりえる。

　こうした空間がダイナミックに変化し、魅力的なアクティビティや、新たな都市の顔となるシンボル空間を生み出せば、人々も変化を実感できる。

　都市再生のプロセスでは、その変化が見えること、実感できること、発信できることが重要であり、忘却の彼方にあった水辺は、むしろその素材として格好だ。未活用となっていた場所であれば、その前後の変化は水辺活用の効果として明確にベンチマークされる。つまり、未活用の場所こそが無限の可能性を有しているといえるのだ。

　都市の変化の象徴として水辺の変化は大きな発信力を持っている。水辺はその景観的特性から、象徴となる風景を生み出しやすい性質を持っている。この水辺自身の持つ効果を十分に認識して、実感できる変化を可視化させながら、都市を再生の軌道へと導く視点が重要となる。

　なぜ、いま都市の変化を実感できることが求められているのか。人中心の場への転換、中心市街地の活性化、環境都市への転換、より質の高い居住環境の実現、都市間競争への対応など、現代都市が抱える課題はより複雑多様化し、スピード感ある対処が求められるようになった。また、不足するサービスを供給すれば満足される時代でもなくなった。量的な不足よりも質的な充実や転換が求められている。しかし、この質的な充実や転換という都市づくりは、ひとことでいえばわかりにくい。市民の側に立ってみると、自らの生活がどう変化するのか、良くなるのか、悪くなるのかを見極めることができなければ、その賛意を問うことも難しい。

　水辺の風景の変化は、このことを端的かつ劇的に表現してくれる。こうした時代背景にあって、都市がどう変わるのか、変わった先に何があるかという、都市の未来に対する期待と不安に関心が集まる。つまり、水辺を変えること、変わることは、次代の都市を表現する重要なメッセージなのだ。

CASE 07

居場所にする

ながらく水辺は見放された場所であった。しかし、だからこそ、そこには何もない空間が持つ可能性がある。現在の都市生活において、私たちは何からも束縛されない時間や場所を魅力と感じているのかもしれない。水辺がただの見放された場所から、人々にとっての魅力的な居場所になるためには何が必要だろうか。

豊かな日常を支える場所 — 富岩運河環水公園

　ここに運河がつくられることが決まったのは1928年。明治から取り組まれていた神通川の洪水対策によって、放水路は完成したものの、富山駅を取り囲むように弧を描いて残された旧神通川の河道は、富山の市街地を大きく分断し、まちの発展を妨げていた。そこで計画されたのが、神通川に沿って富山市街から東岩瀬港を結ぶ富岩運河の建設だった。この運河の建設は、臨海工業地域の形成を支えるだけでなく、堀った土砂を神通川の跡地に埋め立てることで、新市街地の整備も図るというふたつの目的を同時に達成させる革新的な事業であった。

　富岩運河は1935年、無事に完成。途中、2.5mもの水位差を調整するために設けられた中島閘門は、当時、世界の最新技術であったパナマ運河と同じ方式が採用されている。そんな一大事業であったが、時代は車社会へと移り変わり、運河はすっかり見捨てられた存在となっていった。1975年には埋め立ての方針すら持ち上がった。

　しかし、1985年に「とやま21世紀水公園プラン」が公表され、都心部に残された貴重な水面を活用していく方針に一転した。再びこの水辺を資産として捉え、活かしていこうという考えが生まれた背景には、公害対策に端を発して、より身近な環境の質の向上に目が向けられていった社会の変化が大きく影響していると考えられる。時代がこの運河を見出したのである。さらに1988年には「とやま都市MIRAI計画」が発表され、運河と駅周辺を一体的に整備する計画が掲げられ、富岩運河はこのシンボルゾーンと位置付けられた。

　往時、工業による繁栄を支えてきた船溜まりの水辺は、いまでは人々の豊かな日常生活を支えている。水辺を取り囲むように芝生のなだらかな斜面が形成され、対岸を歩く人のシルエットが美しく水面に映えている。駅から徒歩10分の好立地にある開放的な水辺は、まちの回遊性に大きく寄与する拠点の一つとなっている。天気の良い日に天門橋の展望塔に登れば、公園の向こうに立山連峰を望むことができる。この場所は大きな自然に抱かれた、場所なのだと感じさせてくれる。

　畔に位置するスターバックスは、日本で初めて公園内に設けられただけでなく、世界中の約2万店舗が美しさを競うストアデザインコンテストで最優秀賞を受賞している。公園を構

（左ページ写真）立山連峰に抱かれた富岩運河環水公園

成する要素が広い水面や遥かな立山の自然とあいまって美しい風景をつくり出している。

　また、公園利用のルールも面白い。公園で自由に「できること」／「できないこと」を掲げ、禁止事項だけでなく、魚釣りや遠足利用、キャッチボールなどこの公園の魅力的な利用を促進するようなコミュニケーションがなされている。日本中どこの公園も禁止事項ばかりが並ぶ看板が設置されているのに対し、この場所の良さを経験できる積極的なコミュニケーションを図るための工夫が施されており、心地よい。

　この公園は、いまでは富山市民のパブリックライフになくてはならない存在になっている。ここに行けば誰かと出会えるというのがうれしい。それは直接的に知り合いの誰かに出会うというだけではなく、このまちでともに暮らす人たちの存在を感じることができる魅力だ。朝日から夜景まで移り行く水面の風景は、まちとそこに住む人々の営みを映し出す美しい鏡となっている。2016年度には園内に新しく近代美術館がオープンする。立山の大きな自然に見守られた水辺とアートがつくる豊かな公園は、市民にとっても来訪者にとっても格別の居場所となるだろう。コンパクトシティとして都心部の魅力をたかめている富山の新しい顔になるだろう。富岩運河環水公園はさらに魅力的な場所としてこのまちとともに展開していくのだ。

公園内で自由に「できること」／「できないこと」

1	公園内で魚釣りをすること	○
2	保育園や小学校などで、遠足に利用すること	○
3	運河水面で遊泳すること	×
4	芝生広場でのキャッチボール程度の軽い球技	○
5	ポスターやビラの掲示（一部イベント時除く）	×
6	たき火やバーベキューをすること	×
7	バイクや一般車両で公園内に乗り入れること	×
8	その他、他人に危険を及ぼし、迷惑をかけるなど公園内の秩序及び安全を阻害する行為並びに公序良俗に反する場合	×

（出典：富岩運河環水公園ホームページ）

琵琶湖を一望する特等席 — なぎさのテラス

　琵琶湖は言わずと知れた日本最大の湖だ。その恵みは古くから人々の豊かな暮らしを支えてきた。現在でも近畿の水瓶であり、ラムサール条約に登録された多様な生物の生息空間でもある。

　そんな日本一の水辺の特性をまちの活性化に取り込もうとした挑戦がなぎさのテラスだ。大津市の琵琶湖畔にはなぎさ公園という全長4.8km、面積30haにも及ぶ大規模な公園が広がっている。風光明媚な琵琶湖のポテンシャルをどのように活かせば、この公園に人が集まり、地域の再生につながるのか。大津市の考えた策はこの美しい水辺の景観を最大限活かしたオープンカフェの設置であった。

　この事業の成功の秘訣は、行政の用意周到な事業の進め方にある。まずは事前調査の段階で、大津の再生に必要なビジョンを明確にするため、徹底したアンケートやヒアリングなどの調査を行っている。これらの綿密な調査によって、わざわざ京都から犬の散歩のためになぎさ公園に訪れる人がいることを発見したり、若い女性が利用したいカフェのイメージを明確にしたりと、この場所に必要な居場所のあり方を具体的に描いていった。さらに事業を始めるにあたっては、アンケートで人気があったカフェ一軒一軒に直接出向いて出店の依頼を行い、地域の再生につなげる事業の意味を丁寧に説明して回った。このような渾身の根回しが、ぜひ事業をやってみたいという熱い想いを持ったテナントの発掘につながっている。事業の実施段階では、行政が敷地周辺の公園の基盤整備を行い、まちづくり会社が建物躯体を、民間が内装を、と役割分担を明確にすることで、それぞれが得意な分野で能力を発揮し、まちづくり会社やテナントといった民間のノウハウを活かした、自由度の高い空間デザインを可能にしている。

　その結果、なぎさ公園の湖畔には、それぞれ個性的な4つのカフェが並んでいる。大きく広がる開放的な水辺を前に、小さな可愛らしい建物が並ぶ様子は、お洒落で、どこか異国情緒を感じさせる。完成初年度には、12万人を超える来訪客があり、大津のイメージを牽引する水辺空間となっている。晴れた日にオープンデッキに座って、琵琶湖を眺めながらゆっくりと過ごす時間は、人々の新しいライフスタイルとして定着している。

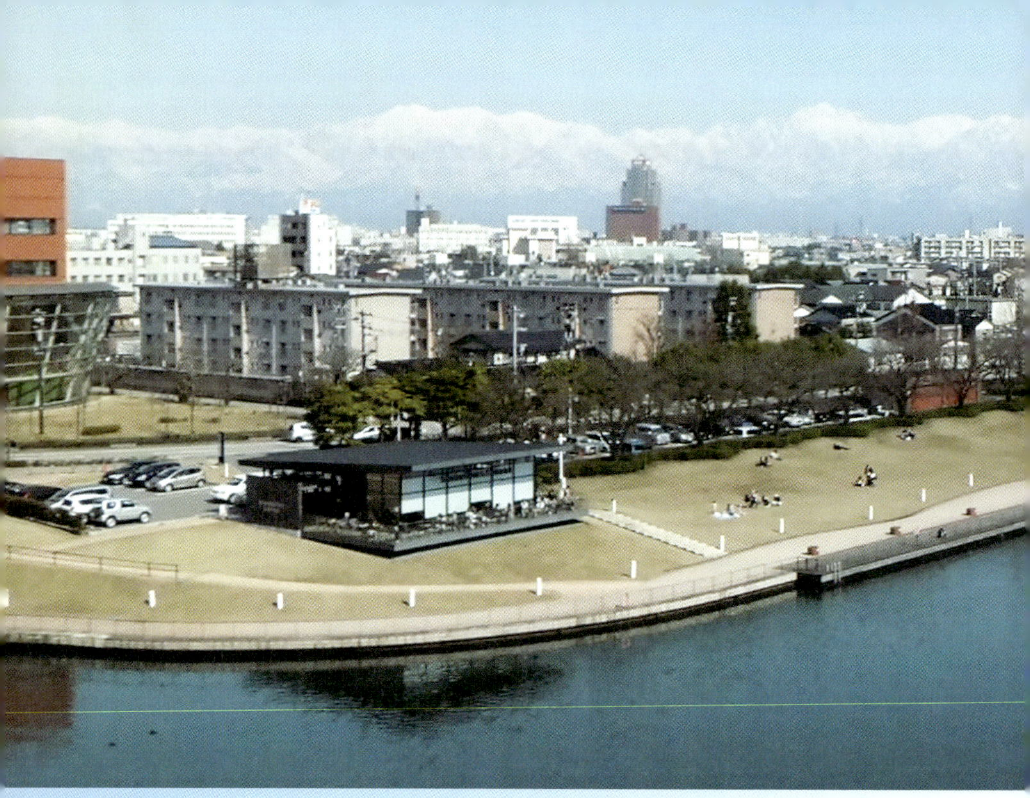

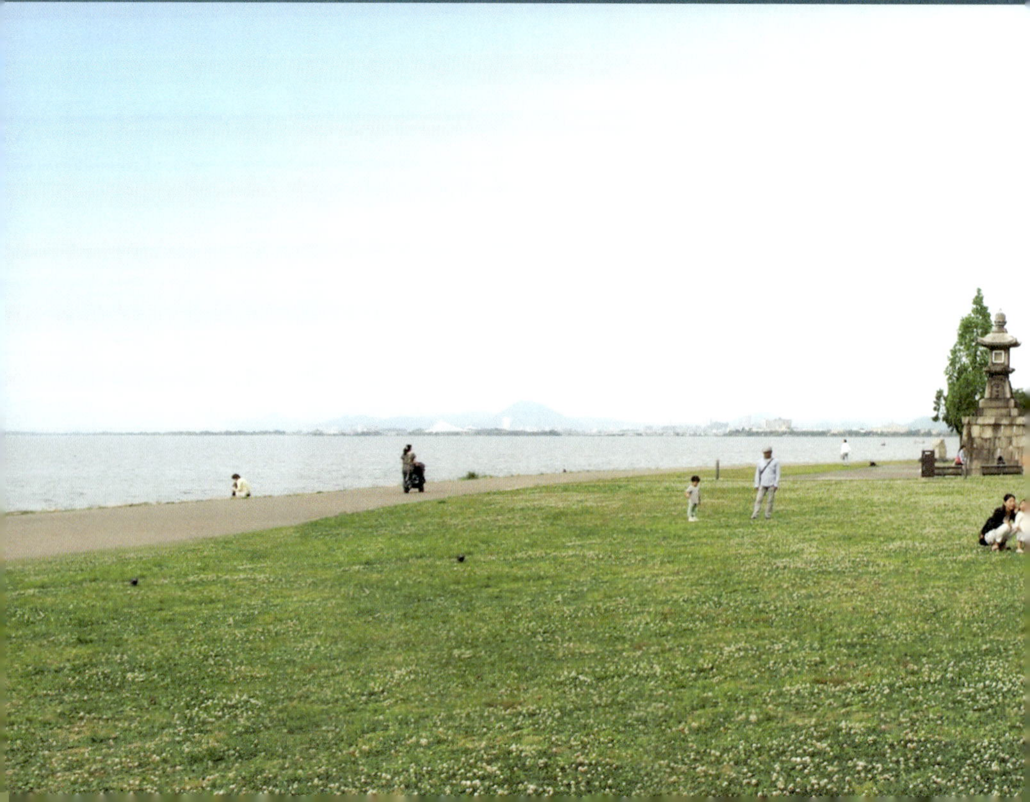

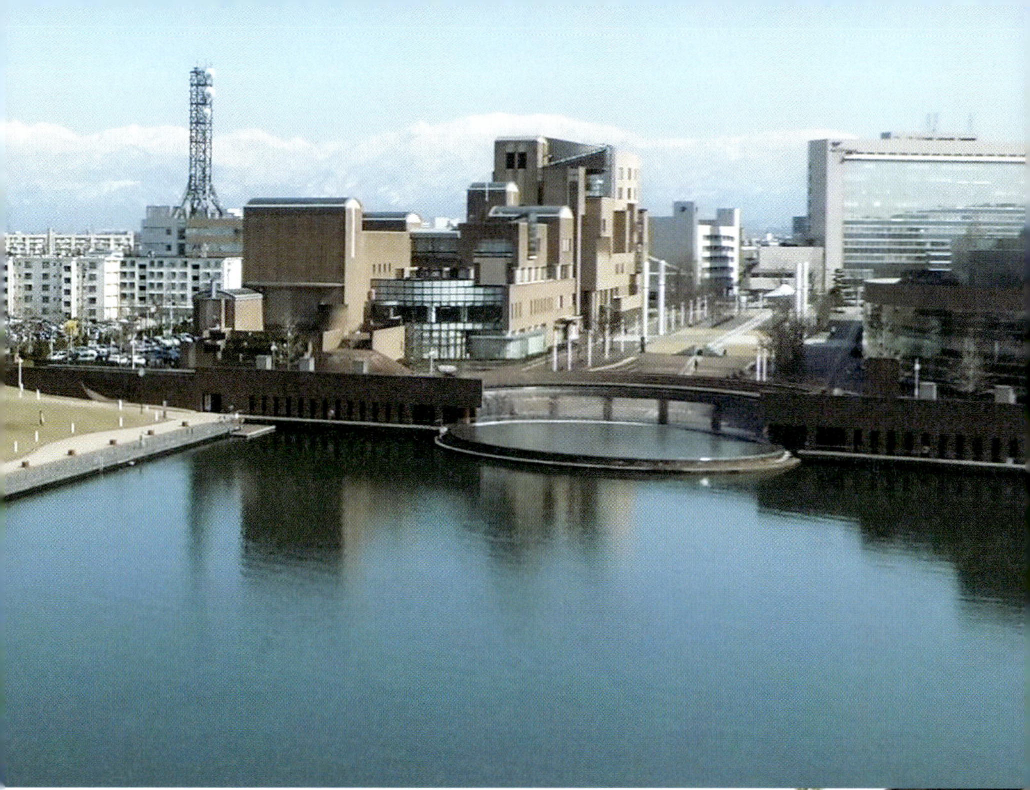

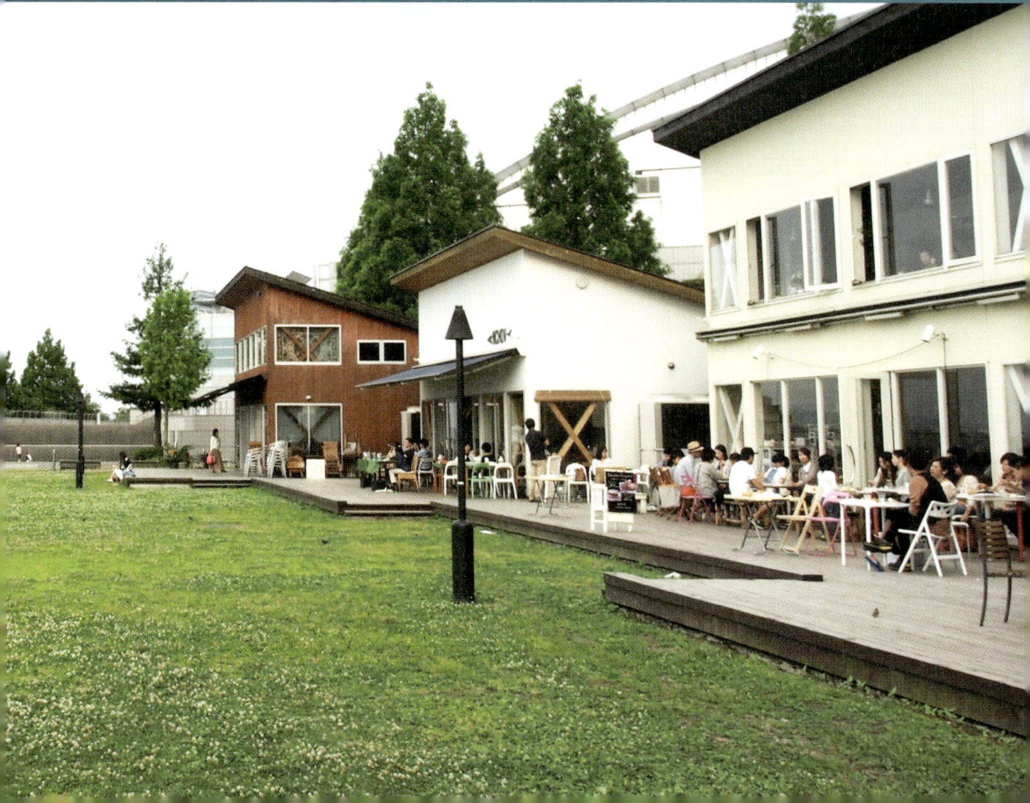

惹かれる場所

　どんなに美しく機能的に整備された空間（スペース）であっても、必ず人々が利用し、憩いや潤いを感じられる、身を置きたくなる場所（プレイス）になるとは限らない。

　水辺は古来より交通のための空間として機能してきた。船が移動や輸送の主な手段だった時代、水辺はあらゆる人や物が行き来する拠点であった。そこには賑わいや活気があり、自然と人の集まってくる場所になっていた。しかし、鉄道や車に主な交通手段が変わってからは、水辺はしばらく見捨てられた空間となっていた。私たちの生活は水辺に背を向け、水辺は絶えず私たちの生活の外縁にあるものとなった。一方、見方を変えれば、水辺には機能では語れない魅力が残された。都市の中の他の場所が機能を幾重にも埋め込まれた「空間」になっていく一方で、水辺には機能を持たない許容性のある「場所」としてのポテンシャルがある。だからこそ、トランペットの練習は橋の下で行われるし、カップルは海を眺めながら愛を語らう。機能を失った水辺の存在が、いま、私たちの生活に最も必要な機能以外のものを与えてくれるのである。

　しかし、何もない水辺は、ただそれだけでは都市の魅力をつくる原動力にはなりにくい。個人の人生を支える空間はもちろん大切であるが、共感を呼び、人々の生活の場となることも重要である。開放的な水面を眺めることができるのは、水辺の何よりのポテンシャルである。建て詰まった都市空間の中で、水辺には何もないという可能性がある。その可能性を最大限に引き出して、人々の居場所にしている重要な装置にカフェがある。公園や河川内にカフェをつくるには、いくつもの制度的なハードルがあるが、本書で示した多くの事例では、工夫をこらして水辺に居場所をつくることに成功している。

　イスに座って飲み物を口にしながら、水辺を眺めて過ごす時間は特別だ。水面は絶えず動き、見るものを飽きさせないが、その動きは都市の営みとはまったく無関係だ。都市とは断絶された開放感が、都市の賑やかさとは対照的な魅力をつくり出している。そのような体験が可能な都市は、魅力的な都市だといえるだろう。また一方で、このような水辺の居場所に都市の賑わいが滲み出すこともあるだろう。いずれにしても、都市の活気と水辺の落ち着きが相乗的に効果を発揮して、都市生活を魅力的なものにできるのかどうかが重要な視点となる。

　魅力的な都市には必ず惹かれる場所が存在する。水辺の居場所には、機能だけでは測れない都市の魅力がある。

1	2
3	4

1.運河の水面の向こうに立山連峰が見える　2.世界一美しいスターバックスからの眺め
3.賑わう店内から琵琶湖を望む　4.テラスの前には全面に琵琶湖が広がる

CASE
08

光で演出する

大阪に夕暮れが訪れるとともに、灯りがともり始め、花や緑が美しい水辺の公園は、光に彩られ、昼とは異なる魅力をみせる。光により特徴を際立たせた橋、季節に合わせ色を変えるライトアップされた高速道路の橋脚など、大阪で実現した都市美は、行政と経済界が一体となった取り組みの成果である。

大阪は、「水の都」であると同時に「光の都」でもある。夜間、大阪中心部、堂島川にかかる大江橋や難波橋から川を眺めると、美しくライトアップされた橋や高層ビル群の灯りが川面に映え、小さく揺らぐ景色は、都会の喧噪を忘れさせてくれる。

　ライトアップされた橋や高層ビル群の間を進むナイトクルーズでは、水の都大阪ならではのまちの魅力を感じることができる。

　ともすれば、まとまりのない「ごった煮」のようになる大阪において、調和のとれた夜間景観の実現には、行政と経済界・民間の連携による水都ならではの「光のまちづくり」の取り組みがあった。

　「水と光の首都」を目指す大阪においては、水辺まちづくりと光のまちづくりは、車の両輪である。

大阪における光のまちづくり

　近年日本では、建物のライトアップや年末のイルミネーションでまちを彩る都市が増え、世界に目を向ければ、フランスのリヨンやパリでは、計画的につくられた夜間景観が、訪れる旅人の心を魅了している。

　都市間競争時代の2002年9月、大阪ならではの水辺の魅力や有形無形の文化の蓄積を活かし、大阪の新たな魅力を引き出すべく、大阪府知事、大阪市長、関西経済連合会会長、大阪商工会議所会頭、関西経済同友会代表幹事など、大阪の行政と経済界のトップからなる「花と緑・光と水懇話会」が発足した。大阪市長を座長に検討が進められ、翌2003年3月には、懇話会より「大阪　花と緑・光と水のまちづくり」が提言された。この提言のもと発足した4つの委員会の1つとして、「光のまちづくり企画推進委員会」（以下、光委員会）が生まれ、具体的な光のまちづくりの取り組みを開始した。

（左ページ写真）ライトアップされた橋や高速道路の橋脚の間を進むイルミネーションクルーズ。
　　　　　　　水都大阪ならではのクリスマスの風景。

光のまちづくりグランドデザイン

　光委員会では、2004年3月に「光のまちづくり基本計画（光のまちづくりグランドデザイン）」を策定した。そこでは、5つのコンセプトの1つとして「大阪らしさを活かした『水を感じる光』」が掲げられている。「水の都」は、大阪の歴史的な資産であり、それを活かす光が他の都市とは異なる大阪の魅力を際だたせる、大阪ならではの光のまちづくりであると考えられた。

　また、グランドデザインでは、大阪の夜間景観全体を見直し、整理する試みが行われ、「3つのファクター」として戦略的にまとめられた。

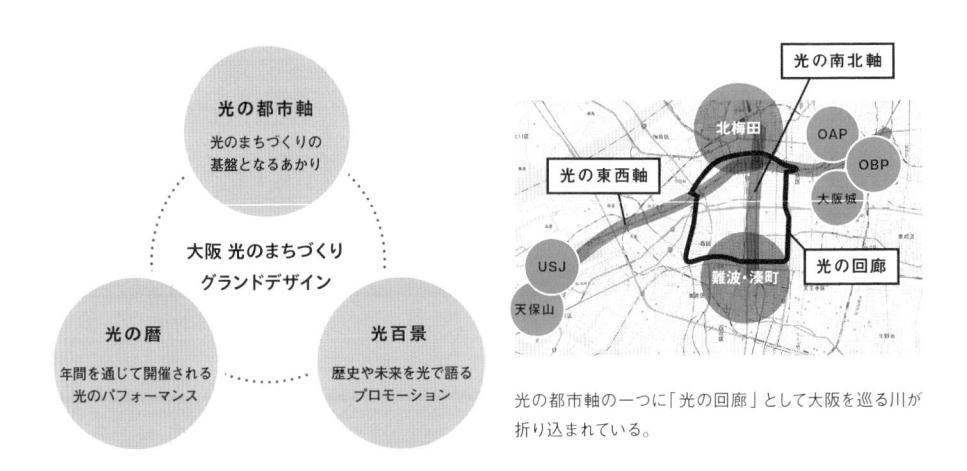

光の都市軸の一つに「光の回廊」として大阪を巡る川が折り込まれている。

光の都市軸

　都市軸とは、光のまちづくりの基盤として「いつ来ても美しい大阪の夜景」を実現するインフラとしての光のことである。都市軸は3つの軸からなる。
①光の東西軸：大阪城から中之島を経て大阪港に至る、大川、堂島川、土佐堀川の河川空間を中心とした東西の軸
②光の南北軸：当時計画中の「北梅田再開発エリア」から御堂筋を南に進み、難波・湊町に至る、御堂筋に沿った南北の軸
③光の回廊：中之島を挟む堂島川・土佐堀川から、東横堀川、道頓堀を結び、木津川を巡って中之島へ戻るルート

光の暦

　都市軸が「日常的な夜間景観」であるのに対して、光の暦は四季折々の大阪の魅力を光で演出し、「非日常の光景観」を感じてもらおうというもの。春は桜のライトアップ、夏は天神祭りや平成OSAKA天の川伝説、秋は御堂筋銀杏ライトアップ、冬はOSAKA光のルネサンスなどがこれにあたる。

光百景

　「光の都市軸」「光の暦」で生まれた大阪の夜間景観の魅力を、国内外の人に広く知ってもらうためのプロモーション活動を「光百景」と呼ぶ。夜景のフォトコンテストを行い、優秀作品を絵はがきにして市内ホテルへの設置なども行った。

　大阪の光のまちづくりは、行政と経済界・民間が連携して取り組むスキームが他の都市では例がないものとして、メディアでも取り上げられた。

　また、大阪のまちづくりのきっかけとして開催されたプロジェクト「水都大阪2009」では、事業終了後も残るものとして、錦橋、難波橋、天神橋の3つの橋のライトアップが光委員会の監修のもと行われた。その後、中之島を中心に橋梁のライトアップが次々に実現していった。

　水都大阪2009の成果などを受け、2010年に一体感ある光のまちづくりの取り組みの指針として「大阪光のまちづくり2020構想」が策定され、2020年を目処に「光の首都・大阪」実現を目指すことや、都市開発における光の技術指針、投資効果の高いシティプロモーションとしての「光のまちづくり」視点などが織り込まれた。

（上）東横堀川ライトアップ社会実験
（下）中之島の夜景
　　　（光百景アワーフォトコンテスト入賞作品「中央公会堂」撮影：小島茂）

光の都パリの例

　パリは、古くから「水の都・光の都」と称せられ、中之島をセーヌ川やシテ島の風景になぞらえる方もいる。パリではどのようにあの美しい夜間景観を実現しているのか。2009年にパリ市を訪問し、道路管理部門で話を聞いた。パリ市では、市内のすべての道路、公園など、公共の常設の照明に関する基準を定め、設備管理者や設計事務所、デベロッパーなど設計にかかわるすべての人に配布して、民間開発においても基準を守らせている。基準は、パリ市全体にあてはまる基準と、河川、森、島、モンマルトルなど特別なポイントにあてはまる特別な基準がある。

　セーヌ川沿いでは、2000年に「セーヌ川地区夜間景観の光整備プラン」を策定している。その目的は、「セーヌ川地区の新たな魅力を発見できる美しい夜間景観をつくり出す」「安心して快適な散策をできるようにする」「セーヌ川地区の建物を活かした光の動きを演出する」「川と街が景観の中で一体化するように川と街の経路との調和を大切にする」「昼間の制約を考慮し、設備と河岸地区との整合性を持たせる」の5つが挙げられている。

　「パリの歴史、それは橋の歴史であり、建築手法の歴史でもある。パリの橋は芸術規範の百科事典だ」「橋の素材、形状により照明を変え、橋の多様な魅力を引き出す」としている。セーヌ川には35の橋が架かっており、その橋と街に一体感を持たせ、街の魅力を引き出し、眩しくない照明の角度を指定したり、設置場所に応じた照明器具の高さや色温度を決めている。これはセーヌ川河川テラスのプロモーションのバリューアップを目的につくられ、様々な整備関係者向けに指導要綱として配布され、一体感ある夜間景観の実現につながっているのである。

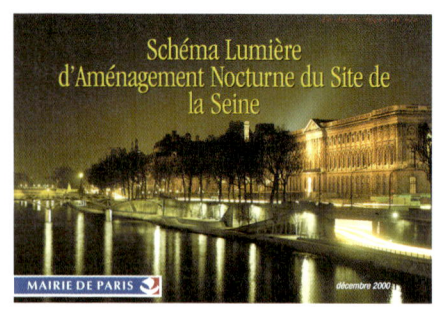

セーヌ川地区夜間景観の光整備プラン（パリ市）

パリの歴史は橋の歴史。照明で橋の多様な魅力を引き出す。

「水の都大阪」らしい光の取り組み

それでは話を大阪に戻し、大阪ならではの光のまちづくりをいくつか挙げてみよう。

橋梁や護岸のライトアップ（光の都市軸）

　大阪は「八百八橋」と言われるほど多くの橋が架けられ、橋は市民の生活の中に溶け込んでいた。大阪市内には、江戸時代の豪商淀屋が私財で建設したことに由来する淀屋橋や、難波三大橋と呼ばれる天満橋、難波橋、天神橋をはじめ多くの橋がある。それぞれの歴史性や建築的特性を際だたせる手法によりライトアップが施され、川辺を行きかう人やナイトクルーズを楽しむ人々を魅了している。

　光委員会では官民連携で調和のとれた美しい夜間景観を実現するため、常設の灯りに関する「光のまちづくり技術指針」をまとめ、配布している。

OSAKA光のルネサンス（光の暦）

　OSAKA光のルネサンスは、2003年に中之島公園にて初めて開催されて以来、既に10年以上継続されており、大阪の冬の風物詩として定着した。大阪市と経済界の協力で開催されており、歴史的建造物のライトアップなどによる大阪の都市ブランドの向上と、来場者による経済効果の拡大を念頭においている。

　OSAKA光のルネサンスは、光のまちづくりの牽引役として成長し、来場者は第1回50万人から増加し続け、第7回の2009年には300万人を超えた。

　当初、中之島東部の大阪市役所周辺のみを会場としていたが、中之島西部へも展開、周辺の民間企業のライトアップを誘発した。

　また、河川空間も会場の一つと位置づけ、中之島を取り囲む堂島川や土佐堀川では、舟運事業者と連携したイルミネーションクルーズを定番化すると同時に、陸側では背の高いイルミネーションを配置、船から光を楽しめる試みも行った。

　2008年には、フランスシャルトル市、2014年にはリヨン市との交流も行い、世界へ向けた取り組みも実現している。

光のルネサンスは、水都大阪の冬の風物詩として親しまれている。

大阪光のまちづくりの今後

　現在さらに、橋や護岸のライトアップが充実し、夜間景観を楽しむナイトクルーズは、新しい大阪の日常的な観光商品としての可能性を秘めている。

　2010年の「2020構想」では、近代建築に代表される大阪市中心部のビルのライトアップエリアを「光の庭」とし、都市軸の一つに位置付けた。

　また、「光の暦」の中心であるOSAKA光のルネサンスは、2009年に始まった御堂筋イルミネーションや、キタ・ミナミなどのエリアのライトアップと連携し、「大阪光の饗宴」としてさらに充実している。

　プロモーション面では、2009年にLUCI（光景観創造国際ネットワーク）に加入し、世界の光の先進都市へ向けた情報発信や情報交換を継続的に行っている。

　光のまちづくり企画推進委員会は、2013年組織体制を新たに編成、組織名を「光のまちづくり推進委員会」（委員長：橋爪紳也）に改称、「大阪光のまちづくり2020構想」の第2フェーズでは、従来の集客や経済効果の視点に加え、「観光プログラムづくり」や「エコ」「防災」の視点を入れることなどが議論され、2020年には世界へ向けたシティプロモーションとしての「都市博」の実現が謳われている。

　大阪独自の魅力を際立たせ世界へ発信するため、今後も水都大阪の活動と光のまちづくり活動はより一層連携していくことが求められている。

CASE
09

水際を
デザインする

忘れ去られた水辺を再び人のための場所へと取り戻すには、その景観をどうつくるかが重要だ。その風景に出会った時、思わず行きたくなるような、自分の居場所となって、あたたかく受け容れてくれるような景観をデザインすることがそのポイントになる。

基町環境護岸 — 広島

　広島は太田川デルタに位置する水の都で、市街地の至る所で河川と交叉する。市街地に占める水面面積の割合は13％と、市街地と近接する水辺が多い点が特徴的で、日常的な生活風景のなかに水辺の風景が自然と多くなり、まさに水都らしい印象がある。かつては舟運が物流の根幹をなし、潮位差の変動にも対応して舟運が可能な雁木と呼ばれる階段状護岸が至る所にあり、いまもそのいくつかは残されている。

　この広島の水辺に基町環境護岸はつくられた。設計した中村良夫先生（東京工業大学名誉教授）が採用したのは、自身が開拓した景観工学の知見を、実際に景観設計に導入するという方法であった。

　初期段階では歴史調査など、多面的な調査が実施された。例えば、ケヴィン・リンチのイメージマップの手法を実際に導入し、広島の水辺のイメージ調査も実施している。これによると、広島の水辺は、さほどメジャーなエレメントとして認知されていないことが明らかになる。確かに広島は水辺との接点が多い市街地構造をなしているが、人々が親しみを持って日常的に訪れるような場所となっていなかったことがその要因として考えられた。そこで、水辺をより親しみを持って市民生活の場として、使われるようになる設計のあり方が摸索された。広島を水都としてイメージできる都市にするには、水辺の豊かな景観体験が重要であると考えたのである。

　具体的な設計では、風景鑑賞の手法として古来より親しまれてきた親水象徴という考えが用いられた。絵画や図会にもこうした手法が取り入れられている。例えば江戸名所図会の音無川の風景には、親水的な表現が数多く埋め込まれている。ともすれば冷たいイメージとなりがちな水辺をもっと親しみの持てる場所へと転換していくための設計手法である。水辺をより親しみのある場と転化させていくには、人が自身を投錨しうる場がデザインされることが重要となる。すなわち、水辺で腰をかけたり、散歩したり、船を乗り付けたり、木蔭で休憩するといった具合である。

　眼前に広がる風景に自分が佇める、自分の居心地のよい場所があれば、その風景は自分の身体延長として捉えられ、親近感がわく。自身の行為の延長とともに、他者の水辺でのアクティビティも、こうした風景の豊かさを生み出す添景として機能する。

（左ページ写真）スペイン広場／セビージャ

例えば、水制工という構造物は広島の水辺の歴史的コンテクストでもある雁木を思わせる。階段状にデザインされたかたちは水辺に近づける仮想行動を生み、護岸の形状もなだからな傾斜をもって腰掛けを思わせ、堤内に植えられた木々は居心地の良い休憩場所を思わせる。これらの設計は、より豊かな景観を見る人々に提供してくれる。

広島の水辺の景観デザインは、親水象徴を基軸としてその後の整備に受け継がれ、京橋川沿いのオープンカフェなど、賑わいによる新たな水辺風景の創出へとつながり、多様化を見せている。

そして、流域に点在する雁木を利用した水上タクシーを運行する雁木組や、河川敷のポプラを育てるポップラ・ペアレンツ・クラブなど、水辺の豊かな景観を愛する人々の活動の場ともなっている。単に見た目の問題ではなく、人々の日常に欠かせない水辺の景観がそこにはある。愛される広島の水辺にはそれだけの理由があるのだ。

親水象徴の例
豊かな逍遥像を投錨できる材料が埋め込まれている
(江戸名所図会(斎藤長秋他編、長谷川雪旦絵、1836(天保7)年)
巻之五より。音無川周辺の部分拡大)

水制工と護岸のデザイン

水辺の居場所をつなぐデザイン ― セビージャ

　スペイン南部、アンダルシア州都であるセビージャは、中世港湾都市として発展し、大航海時代にはアメリカ貿易の独占港となり繁栄を極めた。黄金の塔など当時の面影を偲ぶ建造物も残っており、水都としての歴史を今に伝えている。また、1929年のイベロ・アメリカ博覧会、1992年のセビリア万国博覧会の2回の博覧会が開催され、いずれもグアダルキビール川に近接した場所が会場として利用され、その跡地は公園としていまも利用されている。こうした水辺周辺の公園や観光名所、都心を親水性のある遊歩道でつなぎ、都市空間全体の回遊性の向上を目指した公共空間の景観デザインに取り組んでいる。

　グアダルキビール川沿いの空間はかつての港湾利用が衰退した後は、1948年の大洪水の影響もあり積極的に利用されてこなかった。しかしその後、洪水対策として放水路が整備されたことにより安全性が確保され、水辺を積極的に人々の利用する居場所として利用する方向へと転換が進められている。いまではグアダルキビール川沿いには、水辺のレストランや観光船の船着場、公園、テニスコート、艇庫などのスポーツ施設に加え、生態系を保全する近自然型工法による公園など様々な居場所が生まれている。特筆すべきはそのバリエーションの多さだ。おおよそ考えうる水辺のアクティビティはほぼすべて備えられている。都市的あるいは賑わい系の利用から、レクリエーション系の利用、そして観光に至るまで、あらゆる水辺の使い方が集められている。

　セビージャではまず、こうした点や面としての多彩な水辺の居場所づくりが進められた。そのことで、水辺は市民の日常的なレクレーションの場として、また、観光の見所をつなぐ動線としての役割を果たすとともに、水辺のところどころに人々が佇む豊かな風景を生み出した。

　しかし、セビージャの豊かな水辺の景観づくりはそれだけで終わらない。2006年からは、市街地と水辺周辺の名所のアクセスの改善、そして水辺に点在する多様な居場所を相互につなぐネットワークの構築としての遊歩道 Paseo Del Muelle De Nueva York が整備され、よりグアダルキビール川周辺の水辺が人々に近い場所となった。

（上）基町環境護岸／広島（提供：中村康佑） （下）NPO法人雁木組による雁木を利用した水上タクシー

（上）水辺沿いに点在する多彩な居場所／セビージャ　（下）居場所をつなぐ遊歩道／セビージャ

すなわち、点や面として配置された水辺の居場所を相互につなぐ線のデザインが展開していったのだ。

　この水辺の遊歩道では、かつての歴史的な護岸をそのまま再利用して歴史的なコンテクストを継承し、アンダルシアの顔でもある鮮やかな黄色い土を舗装に用いるなど、地域性豊かなデザインを採用している。

　また、川沿いにグアダルキビール川やセビリア、アンダルシアの川を中心に発展してきた歴史を紹介したり、カフェやバーなどを一定間隔で配置するなど、単調になりがちな川沿いの遊歩道のデザインに変化をもたせながら水辺に点在する居場所をスムーズにつなぐことに成功している。

　散歩やジョギングをし、恋人や友人と語りあい、ライトアップされた橋梁や歴史的建築物を眺め、レストランやカフェで食事も楽しめる。水辺とまちとのアクセスも改善され、少し歩けば程なく中心部にアクセスできる。こうした水辺の一連のデザインによって、セビージャの水辺には、朝から夜まで常に人通りが絶えない豊かな風景が生み出されている。

多彩な居場所をつなげることで日常に溶け込んだ水辺／セビージャ

かけがえのない場所となる景観をデザインする

　水辺を再び人々の場として取り戻すアプローチで重要なのが、魅力的な景観をどうデザインするのかという点だ。水辺は市街地とその空間的構造が異なる。上を遮るものがない水辺は、見晴らしもいい。河川であれば、対岸の風景もよく見える。しかしその一方で、照りつける太陽の日差しや吹きすさぶ風から逃れる場所がないことも多い。居心地の環境調節がシビアなのも水辺の特徴だ。そして、水辺は危険と隣合わせでもある。近づきたいと思う反面、危ないから近寄りたくないという気持ちも起こる。

　また、これまでの歴史的経緯から水辺との関係を断ち切った構造になっている場所も少なくない。カミソリ堤防や、防護柵などで覆われ、市街地と水辺の視覚的な関係性自体がなくなってしまっているところも多い。かつては開放的だった水辺も、周辺に建物が建ち並び、近づくことすら容易ではなくなった場所もある。そもそも水辺との関係性がなくなった構造のまま、水辺に遊歩道だけをつくったところで、その効果は限定的になる。

　公共空間とは「誰もが使える」パブリック性が前提だ。しかし、皆が利用する場所だからこそ、様々な行為が制限されることも少なくない。その結果として、「誰もが使える」場所が「誰のものでもない」冷たさを持ってしまうこともままある。

　具体的には自分の居場所と思える包容力を持った景観をつくることが重要となる。このことは、護岸形状のデザインから、市街地とのアクセスを確保する接点となるアプローチの確保、気持ちの良い水辺でお茶や美味しい食事ができるカフェ、レストランを設置すること、船着場と観光船、水上タクシー、パドルボートなど、豊かな水辺のアクティビティに至るまで多面的に考慮する必要がある。

　人々を受け容れる豊かな景観が生み出されれば、水辺を冷たい「誰のものでもない空間」という呪縛から解き放ち、「居心地の良い場所」へと転換をしてくれる。そうなれば、おのずと人々の居場所はできてくる。

　水辺に豊かな風景を生み出せば、それが水辺の利活用を誘発し、人々のかけがえのない場所となり、水辺は自ずと愛される場所となる。そんなチカラを水辺の景観デザインは持っている。

CASE 10

プロセスを
踏まえる

水辺を生きた空間に変えるには、その変化が素晴らしいものだと身を持って感じられることが重要だ。そうして初めて共感が得られる。管理上の課題や安全性、事業性、賑わいは本当に生まれるかなど、時間をかけながら多面的な検証を進めていくプロセスのデザインがその成否を握っている。

人のための空間へ ― パリ・プラージュ

　パリ市では、2002年からセーヌ川沿いの河岸道路を中心に、夏季の約1ヶ月間砂浜を設け、市民に開放するイベント、Paris-Plages（パリ・プラージュ）を毎年実施しており、既に10年以上継続している。パリプラージュの目的は、①バカンスの時期に出掛けられないパリ市民に対するレクリエーションの提供、②市の中心部へ自動車交通が流入することによる混雑の解消、の2つが大きな柱になっている。実は計画発表時、交通規制に多くの批判が集中した。河岸道路はパリの交通上の動脈となっており、バカンス時期とはいえ大渋滞が生じ、経済活動に支障が生じるのでは、という懸念があった。しかし、当時のパリ市長であるベルトラン・ドラノエの強力なリーダーシップによって、パリ・プラージュは実現された。

　パリ・プラージュはおよそ1ヶ月、期間限定で河岸道路を締め切り、ビーチへと転換し、人に開放するというイベント型の社会実験でもあった。

　このパリ・プラージュ実施には、いくつかの工夫がみられる。

　第一に低予算での事業継続を前提にしている点である。パリ・プラージュは河岸道路を歩行者空間化する社会実験という側面もあるが、パリ市民へのレクリエーションの提供にウェイトが置かれている。すなわち、道路空間を利用した市民向けイベントとして実施されている。事業予算も年間約150万ユーロで、その期間の長さからすれば破格の安さだ。

　しかし、単年度イベントとして実施してしまうと、設えがどうしてもチープな印象となってしまう。そこで5～10年程度の長期的な使用・継続を前提として計画し、毎年の予算の中で、テントやイス、テーブル、柵など順次質の高いものを用意し、毎年再利用しながら順次、グレードアップをはかっている。

　特に公共空間の利用を転換する社会実験は、継続することがその効果測定上必要不可欠となる。水辺は普段使っていない場所なのだから、人々にはその利用習慣すらなく、期待もない。それどころか、そもそも関心がない。そういう段階のなか、イベントが短期間で終わると転換の効果や実感が得られにくい。そこでパリ市は夏の風物詩として継続することを前提に事業を続けたのである。短期的な成功を繰り返しながら長期的な展望を見据えた戦略が描かれていた点が興味深い。

（左ページ写真）セーヌ河沿いの河岸道路は夏の間、砂浜になる（提供：河合友子）

第二に低予算で実施するため、行政職員が多く関わっている点も特徴になっている。委託費が多く出せないので、パリ市各部局のスタッフが事業参加している。水は水道部局、植物は公園部局、清掃は環境部局という具合で、それぞれの部局が参画する方式が採られている。また、図書館は大手出版社の協賛イベントとして実施するなど、民間企業も協力している。この各部局の参画というアイデアは、当初は低予算という懐事情のなかでひねり出されたものであった。しかし、このことが思わぬ効果を生んだ。

　普段、市民と行政との接点は、ゴミを早く撤去して欲しいとか、下水が詰まったなどの日常的に生じる行政サービスへのクレーム対応で接することが多いが、パリ・プラージュでは、年に一度のレクリエーションの場を生み出すイベントであり、市民が準備に勤しむ職員に「いつもありがとう」と声をかける姿がみられるなど、普段とは違う市民との接点が生じたことで、行政側職員のモティベーションの向上につながった。市民側にも行政サービスがどのように提供されているかを知る機会をもたらし、行政と市民との新しいコミュニケーションの場を生み出した。

　第三に、市民のためのレクレーション機会の提供であるパリ・プラージュは、河岸道路をビーチに変えるというその斬新さで話題を呼び、世界中にその映像やニュースが流されることになった。結果、バカンスシーズンにパリを訪れる観光客も必ず行く名所となった。パリ市はあくまでバカンスに行けない市民へのレクリエーションの提供という姿勢だが、相当量の観光客が訪れていることも認めている。こうして、パリ・プラージュは年間400～500万人が訪れるパリの風物詩として定着した。

そして、日常化 ― ベルジェへの展開

　水辺で面白いイベントをやっているだけでは終わらない。パリ・プラージュは、その長期的な展望のもとパリ市民の共感を得ていったことが、セーヌ川の河岸を再び人のための場所へ取りもどす本格的な動きへとつながっていく。水辺の恒久的な道路から広場利用への転換である。

　パリ市はこれまでも、レンタルサイクルのヴェリブや、カーシェアリングのオートリブなど、積極的に交通手段を転換させ、都市を人のための空間へと転換していく政策をとっている

が、こうした取り組みのなかで、パリ・プラージュによるテンポラリーな公共空間の変化を日常化させていこうとする動きが始まった。それが2013年から始まったセーヌ左岸の遊歩道 Les Berges（ベルジェ）である。オルセー美術館前のロワイヤル橋～アルマ橋間の河岸道路を廃止して遊歩道、公園、カフェ、スポーツ施設などを導入し、本格的な都市空間の転換をスタートさせている。恒常的な転換の際、パリ・プラージュの経験がある市民たちは、そのプロジェクトを自然に受け入れ、スムーズにプロジェクトが進んだ。

　パリ・プラージュをスタートさせて10年以上の歳月を経たからこそ、ベルジェは実現できた。時間をかけて、水辺の価値を共有できたからこそ、車道を人のための空間へと転換していくことに成功したのである。

　さらに10年後、セーヌ川はどう変わるのか。楽しみだ。

1	2
3	

1．普段は車が行き交うセーヌ川沿いの河岸道路
2．パリ・プラージュ期間中は人中心の水辺に変わる
（提供：河合友子）　3．河岸道路を常設の人中心の空間に転換したベルジェ

Chapter 2　水辺を変えるアクション　101

社会実験から民間事業へ ― 中之島GATE

　大阪都心部の中之島の西端、安治川沿いに中之島GATEはある。北側は福島区、南側は西区、東側は北区と三区の境界に位置する。地名は川口。大阪港発祥の地だ。明治期の開港当初には外国人居留地もあった。周辺は波止場として利用され、税関や保税倉庫もあった。かつて、水面は船で埋め尽くされるほどの活況を呈した。しかし、船舶の大型化、港湾の沖出しとともに、次第に舟運機能は衰退していった。今後の土地利用転換が想定される場所でもある。

　都心にほど近い水辺でかつての賑わいが失われた場所。こんな場所を水都再生に活用できないかという試みが中之島GATEプロジェクトだ。周辺は港湾物流系土地利用が中心で、現在も臨港地区や河川区域としての制限は残されており、その転換がすぐにはできないという課題を有していた。

　しかしながら、水辺に利活用可能な貴重なまとまった敷地、船着場・船溜りとして利用可能な大水面があること、海と川をつなぐ結節点にあること、素晴らしい景観を有していることなど、その活用が期待されていた。

　学識者らによる土地利用転換の提言が発端となり、行政らが水都大阪の再生の一環として、その活用の検討がスタートした。当初は法規制や事業可能性を含む課題の整理などを行い、次第にその構想は具体化のプロセスをたどる。これらの検討を経て、行政・経済界が共同で社会実験をスタートさせた。最初の社会実験は2012年から始まった「ざこばの朝市」だ。隣接する大阪中央卸売市場の事業者らが中心となって、新鮮な魚介類を販売する朝市としてスタートした。

　続いて2012年に大阪府市が共同でとりまとめた「都市魅力創造戦略」では、水都大阪再生のシンボルプロジェクトの一つに選定され、その事業化検討が本格化した。船着場やマーケット、レストランなどの賑わい利用が想定され、その実現には安全性の確保や民間事業者による立地評価、来訪者の評価など多面的な検証を進めながら事業化を目指すことになった。ポテンシャルを有しつつもその潜在力を発揮できない要因の多くは、事業として成立するための条件が不透明な点に集約される。ましてや普段人が行かない場所であれば、いくら魅力があるとはいえ、リスクも大きい。そこで、行政・経済界支援のもとで、段階的に発展する将来構想を描きつつ、徐々に社会実験の規模を拡大させ、その可能性を可視

化させていった。

　2012年にはオープンカフェとライトアップ、船着場の社会実験（中之島GATEエリアプロジェクト）、2013年には大阪の食を提供する7店舗が出店し、ウォータースポーツができる屋外アートイベント会場（おおさかカンヴァス推進事業）、2014年には屋外演劇の公演会場（維新派「透視図」）として利用し、その可能性を探っていった。

　こうした一連の社会実験プロセスは、管理者など関係者の事業に対する理解を得る機会ともなり、将来的に参画が想定される民間事業者へのプロモーションの場ともなった。また来訪者への場所の認知性を高めることにもつながった。

　そして、2015年には、進出を決断した民間事業者によって全国の漁港から新鮮な魚介類が直送されるフィッシャーマンズマーケット「中之島漁港」がオープンし、いよいよ常設的利用のプロセスに移行した。関係者の熱い思いに支えられ、成長する軌道が描かれ、今後さらなる発展が期待されている。船が行き交う水都大阪の顔が近い将来実現できるはずだ。

中之島漁港（2015年）。民間事業者による常設的利用の実現

中之島GATEのプロセス

提言・構想等

2008年7月
大阪Triangle構想（関西社会経済研究所）
「インナーベイエリアの土地利用転換提言」

2010〜2012年
海の御堂筋構想（大阪市）
「水都大阪再生のための新東西軸形成」
水と光のまちづくり構想（水都大阪推進委員会）
新しい顔となるシンボル空間の創出
重点区域の一つに中之島西部が選定

2012年3月
水都大阪の新たな観光拠点・調査検討報告
（大阪市・大阪商工会議所）
「大阪中央卸売市場周辺の観光拠点化」
水と光のまちづくり構想アクションプラン（大阪府）
「中之島西部エリアのシンボル空間化」

2012年12月
大阪都市魅力創造戦略（大阪府・大阪市）
「水と光の首都大阪の実現」
「重点エリアの一つとして位置付け」

2013年3月
中之島GATEエリア魅力創造基本計画（大阪府）
「インナーベイ・マーケットリゾート」
「3段階の土地利用転換シナリオを提示」

社会実験

2012年3月
ざこばの朝市（奇数月第4日曜）の開始
（現在に至る）
「遊歩道を活用した魚介類販売」

2012年10月
中之島GATEエリアプロジェクト（9日間）
「オープンカフェ、光の演出、
小型船係留施設社会実験」
「水都大阪フェス2012と連動」
大阪水辺バル2012

2013年10月
水都大阪フェス2013メイン会場（17日間）
大阪水辺バル2013
おおさかカンヴァス会場
「食、マーケット、音楽ライブ、アート、
小型船係留社会実験」

2014年10月
劇団「維新派」屋外演劇公演「透視図」（16日間）
「屋外演劇、飲食」
レンタルボート（1ヶ月）

2015年2月
中之島漁港（常設的社会実験）
「初の民間企業による複数年活用の実現」
「フィッシャーマンズマーケット」

2012年の中之島GATE周辺（社会実験開始前）

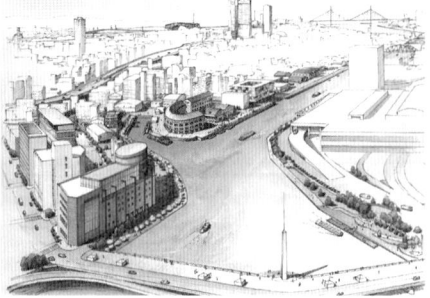

2008年に初めて描かれた提言（大阪Triangle構想）

提言と社会実験による成長軌道のプロセスデザイン

　一旦は忘却された水辺を再び人のための空間に取り戻すには、もう一度人々の生活に寄り添う存在となることが重要だ。そのためには、人々が再び水辺の魅力を体感し、その価値を共有することが欠かせないが、それ以外にもいくつか乗り越えなければならない課題がある。

　まず、行政側、特に管理者側の姿勢をより柔軟に積極的に水辺を開くという姿勢へと転換していく必要がある。また、水辺を賑わいの場としていくには、カフェやレストラン、船着場など民間事業者の参画も欠かせないが、リスクの大きい事業と見なされることも少なくない。

　そして、水辺を開くことに対する周辺住民の理解と協力も欠かせない。これまで開かれていなかった水辺がオープンになり、パブリックな場となることは、良いことばかりを生み出すとは限らない。住民にとってみれば、夜中まで騒々しい連中がたむろしないか、ゴミが散乱した荒れた場所にならないか、これまでどおりプライバシーを維持できるのか、などの心配がつきまとう。

　船が行き交う水辺の実現には船着場、船溜りの確保も欠かせないが、その安全確保に向けた検証も必要不可欠だ。

　そこでは、これまで利用されてこなかった時間の経過が長かった水辺を積極的に開くことがまちにどのような変化をもたらすかを、関係者が多面的な観点から見極めつつ、試行錯誤のなかでそのあるべき姿を共有していく段階的発展を描いたプロセスのデザインが肝要だ。

　こうした水辺再生の取り組みの一環で、社会実験として水辺を利活用する試みを実施し、その検証を経ながら最終的な水辺再生の姿を構築していく取り組みが進んでいる。わが国では2004年に国土交通省河川局が「河川敷地占用許可準則の特例措置」の通達を出し、社会実験としてカフェテラスやイベントなどの利用が可能になった。その結果、先進的な取り組みが広がり、水辺の積極的な利活用は都市の人の流れを変え、賑わいを生み出し、まちづくりのきっかけとしても積極的に利用されるようになってきている。

　こうした特例措置の結果として、水辺の積極的な利活用の意義が行政、住民、民間事業者らに理解され、徐々にその展開が拡大し、2011年には特例措置が一般化されるに至った。社会実験が水辺をとりまく環境を徐々に変え始めている。

CASE
11

ルールを
共有する

公園や道路は日常的に多様な人が使っていて、地域で日常的に管理したり使うルールが決められていたりする。身近な存在であるが、川はそもそも立ち入れない場所だと思われている。多様な主体が使いこなし、安全に楽しめるオープンな水辺にしていくには、どのような工夫があればよいのだろう？

そもそも川にはルールがない

　道路には道路交通法というルールがあり、歩行者や車や自転車などの交通の安全を守っている。同様に海にも世界共通の海上衝突予防法というルールがあり、船舶交通量が多い海域や狭い海域ではそれに加えてきめ細かな海上交通安全法や港則法という特別なルールが定められ、海上交通の安全を確保している。

　川についてはどうだろうか？ 河川は自然を管理する治水に重点が置かれてきた。そのため、水辺や河川敷を多くの人が利用することや水上の航行の安全性を確保するという視点がなかったためか、原則自由使用であり、航行安全のルールがない。そもそも河川に船やウォータースポーツの非動力船の航行が多く錯綜し危険な状況に至っていない現状では問題は少ないかもしれないが、今後、船が増えてくる流れに対応しビジネスを展開していく際には、大切なテーマとなってくる。

　ルールがなく自由に使用できる状況の今、多様な船が航行する際の譲り合いや事故防止、不法係留を防ぎつつ船着場の活用、営業船の保管場所やメンテナンス基地の確保、各種ルールや川での工事やイベント状況などの情報発信と周知などが求められており、ステークホルダーの合意を得ながらルールを定める事例も見られるようになってきた。

　ここでは、イギリスの運河・水路の全体を維持管理し、ルールやユーザーサービスを一貫して提供している例、大阪での水上安全や船着場管理などを総合して運営している例を紹介する。

運河ユーザーの総合サービス機関 ― キャナル＆リバートラスト

水路や関連施設の管理からユーザーサービス提供まで

　イギリスには、産業革命に必要な石炭の輸送を担うため近郊の炭鉱と工業地帯などを結ぶために運河が建設され、最盛期にはその総延長は6400kmに及んだ。運河の建設・経営は当初から民間資本によるものであり、複数の会社が運河を接続したり水の確保をしたりして、運河会社が水路を建設し管理した。船を所有し輸送する輸送会社はまったく異なる経営母体であり、運河会社は輸送会社の通行料を収入源に経営した。

（左ページ写真）ナローボートで運河の旅を楽しむ

その後、鉄道が出現し舟運は衰退し、1948年運河が国営化されるが、一部を除いて実質上放置されている状況だった。戦後復興の後、レクリエーションの欲求の高まりとともに運河復興運動が盛り上がり、そこで国有化された運河・水路を一元的に管理する機関として、財団法人ブリテッシュウォーターウェイズ（British Waterways（以下BW））が設立される。

　イギリスの運河・水路は人工運河と自然河川で全長約5000kmあり、国が所有している。このうち約3500kmをBWが包括的に管理運営していた。BWは、水路、ロックゲート、係留所、給水所、その他施設、橋・水道橋、トンネル、側道などの管理、利用船舶とライセンスの管理、航行ルールの策定と遵守パトロール、水辺の不動産事業、広報などの事業を行う。主な財源は、国からの助成金と自主事業で賄い、自主事業では水辺の倉庫開発など不動産業、側道の埋設インフラ利用料、運河を使用する船のライセンス料などである。その後、2012年7月より民営化を進めるということから非営利活動法人キャナル＆リバートラスト（Canal & RiverTrust）にこれらの業務が移行した。

　キャナル＆リバートラストの運営になってから「川のお客様コールセンター」が設置され、「川沿いに落ち葉がいっぱい落ちている」など、ユーザーからの様々な意見に対応することで、サービスを向上させている。

ライセンスを持てば船の運転も船上生活もできる

　船で運河・水路を利用する場合、ライセンス（利用許可証）の購入が義務付けられている。イギリスの運河では船舶免許は不要で、21歳以上であれば国籍を問わず誰でもボートをレンタルして自ら船の旅を楽しむことができる。ライセンスは、レジャー用、居住用、営業用などがあり、ビジター用に1日や1週間などの短期ライセンスもある。

　ライセンス料は船の長さや用途によって異なるが、例えば65フィート（20m弱）の旅客船で年間1800ポンド（約25万円）である。申請には、船検証・保険加入証明書・係留場所・キャプテンライセンスが必要で、毎年更新する必要がある。居住ライセンスは固定的に係留することができ、価格は高いが、不動産を持って住民税を払うことを思うと安く、人気がある。居住ライセンスを持っていない船は、24時間までの一時係留が認められている。釣ライセンスというものもあり、釣団体がまとめて利用者から集金してライセンスをとっている。ライセンスを持っている船舶は、川沿いの施設（ゴミ捨て場、水道、トイレ、排水施設、コ

インランドリー、シャワールーム、水門)の合鍵をもらい、自由に使うことができる。施設は無人で運営されている。ライセンスの集金は、年間分の利用料をまとめて集金しており、船着場や施設を使用するたびに利用料を徴収せず、手間を省く工夫をしている。

運河の航行ルールとしては、制限速度は4マイル(約6.4km)、右側通行、停泊しているボートの脇を通るときは減速、基本はどこでも係留できるが禁止場所は守る、非動力船優先、などが定められている。

また、利用者から徴収したライセンス料が船のユーザーへのサービスに充てられている。

参考)
・法政大学大学院エコ地域デザイン研究所都心・ベイエリア再生プロジェクト＋秋山岳志「イギリスにおける水路・水辺の利用と管理」
・秋山岳志氏、ブラウンあつこ氏ヒアリング

イギリス全土に張り巡らされている水路

パディントン駅近くのボート係留スペース

（左）まちなかの水路とロックゲート沿いには飲食店が並び若者の人気スポットとなっている
（中）充電設備を利用することもできる　（右）係留するボートユーザーが使える施設

舟運事業や水上イベントをバックアップ — NPO法人大阪水上安全協会

河川の安全を守る民間組織

　大阪城築城400年祭（1983年）に際して、大阪において観光遊覧船と通勤船を運航すべく操業した大阪水上バスが、大阪府より市内河川を利用する団体を取りまとめる組織構築の要請を受け、1986年に設置されたのが大阪水上安全協会である。2004年にNPO法人となり、現在では水上安全や水上交通の促進、船着場管理、各種イベントやビジネス相談など、民間団体として自主運営され、大阪においてなくてはならない存在となっている。

　大阪の河川を通行する旅客船、作業船の大半にあたる約50の団体及び個人が会員として加入している。その運営の財源は会員の会費に加え、公共船着場利用料を充てている。

　通常は、河川区域における工事や水都関連イベントなどの情報収集や各種調整、また衝突防止のための無線カメラの設置運営などを行い、会員すべてに情報を提供し、事故防止対策や航行安全を保つ重要な役割を果たしている。

船着場の一元管理

　あわせて、大阪市および大阪府が設置・管理する公共船着場の窓口一元化の施策に従い、下記の11の公共船着場の管理をしており、2007年の試行実施を経て2008年から本格運用をしている。会員非会員関係なく、利用者は届出をすることですべての船着場を使うことができる仕組みになっている。営業目的外の個人利用の船は100円／回、営業用の船は旅客定員13人以上2000円／回、12人未満500円／回という値段設定である。行政から管理料は支払われておらず、民間サイドの利用料収入で運営している。

　すべての船着場の予約状況が当協会のサイトに公開され、予約状況を確認してから申し込むことができる。このような一元的な民間運用を行っているのは全国的にもめずらしい。これは、事務局長の長年の経験や人脈によるところが大きい。

水上安全協会が一元管理している公共船着場

[一元管理対象である11の公共船着場]

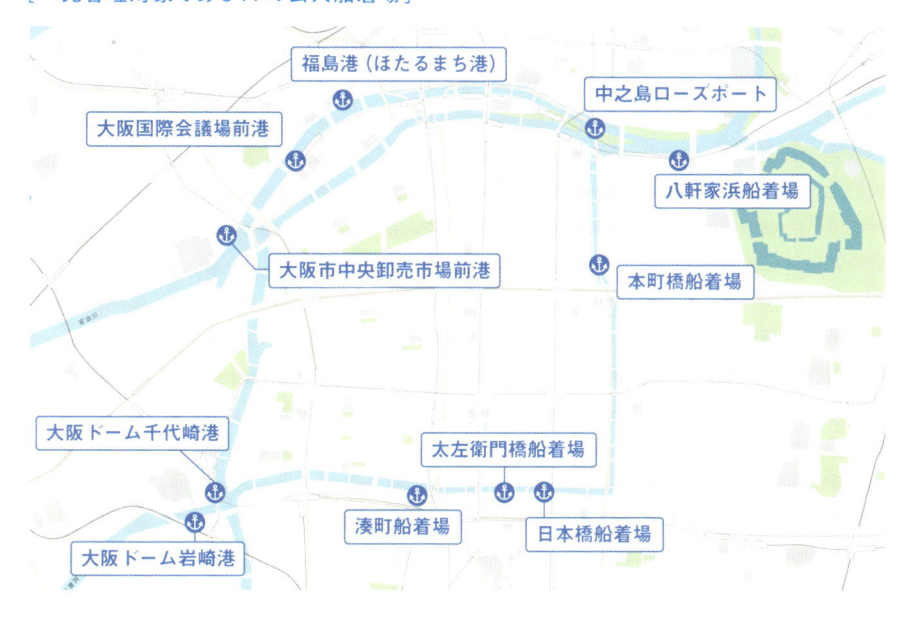

- 福島港（ほたるまち港）
- 大阪国際会議場前港
- 中之島ローズポート
- 八軒家浜船着場
- 大阪市中央卸売市場前港
- 本町橋船着場
- 大阪ドーム千代崎港
- 太左衛門橋船着場
- 湊町船着場
- 日本橋船着場
- 大阪ドーム岩崎港

Chapter 2 ｜ 水辺を変えるアクション　111

河川航行ルール

　海と異なり河川には航行ルールは存在しないが、大阪府、大阪市、国（河川＆海事振興）、大阪府警本部、大阪水上安全協会により構成される「河川水上交通の安全と振興に関する協議会」にて2007年に河川水上航行ルールが策定された。その後、さらに水面の利用主体が増加したため、手漕ぎボートや水上オートバイの利用者団体とも意見交換し、2012年にルールが見直された。ルールには条例のような拘束力はないが、みんなで守ろうというスタンスで策定されている。

　大型・小型の旅客船、物資を運搬する作業船、オーナーが運転するプレジャーボート、水上スキー、非動力のカヌー、ボート、SUPなど多様な船が航行するようになると、運航やそれぞれの立場に立った譲り合いや迷惑にならない工夫が求められており、時代に合わせてルールを変更して対応している。

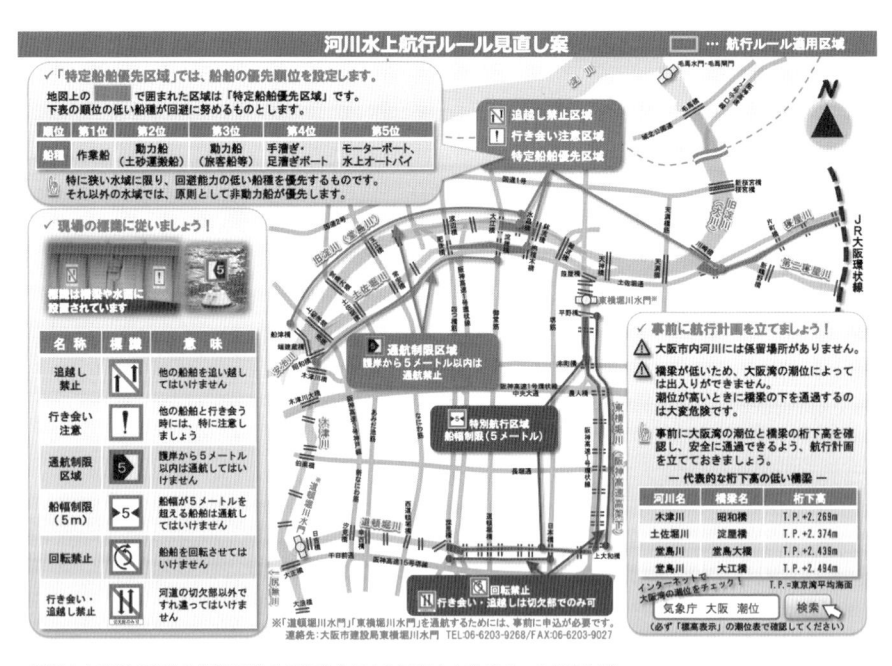

河川水上交通の安全と振興に関する協議会による河川水上航行ルール見直し案（出典：大阪府・大阪市HP）

旅客船の都心保管場所の設置運営

　また、大阪の都心部には、一部の旅客船事業者以外の保管係留場がなく、旅客船事業者は湾岸部など遠方のマリーナや係留所を借りて運航していた。そのため事業採算性が悪くなっている状況や、大川において不法または不適切な係留がなされている問題があった。その打開策として河川管理者の要請を受け、大阪水上バスが所有する船着場や護岸を利用した旅客船の保管係留場所を当協会が借り、会員のための保管係留場を運営している。これにより多くの旅客船の利便性が向上した。

新たなビジネスが生まれやすい環境

　他都市では、係留や船着場利用などが可視化されておらず、既得権が見えにくいため、必要費用が想定しにくいなどビジネス参画への検討自体ができない、または控えざるを得ないという話を聞く。水上安全協会はこれらを河川管理者と協議の上、利用ルールや費用の枠組みをつくり、一般に公開し、民間主導で運営しているが、これはビジネスを始めるうえでのアドバンテージとなっている。実際に協会には様々な相談が持ち込まれる。

　今後は、背後に誰もいない船着場ではなく、道の駅のように常に管理者がいて船でアクセスできる水陸の拠点になるような川の駅が増えていくことが予想され、船の種類や便数も増えていくと、さらに当協会の役割が増すことになるだろう。民間が自己責任で、管理費も負担し自ら儲ける努力をする、という新しい水面の管理運営の世界を期待したい。

　水辺や水上をオープンにするには、それを利用する多様な主体の活動アイディアを実現させるようなルール、運河や水辺の施設の適切な管理運営、多くの人が楽しめるような情報発信やツール提供、水辺ビジネスの支援など、見えにくいことではあるが、使う人の立場に立った仕組みをつくり育てることが早道であり、大切なことである。

CASE 12

スキームを活用する

河川法の改正による規制緩和は、水辺空間の利活用の可能性を拡げ、各地で運用が試み始められている。
社会実験を新しいスキームに移行し事業として継続させたり、規制緩和の制度を利用して地域の文化を継承させるなど、市民が集い、憩う場所として、賑わいの風景が水辺に生み出されている。

大阪川床 — 北浜テラス

「北浜テラス」のある北浜のまちは大阪の中心地にあり、土佐堀川や中之島公園といった水と緑に恵まれたエリアだ。かつての北浜の水辺には江戸の頃から川沿いに料理旅館が建ち並び、船場の旦那衆が小船で川から料亭を訪れ景色や料理を楽しむという粋な文化があった。大阪の水辺を愛する人たちが、北浜の水辺を世界に誇れる大阪の水辺、大阪の風物詩として、かつての文化や風景を再生させたい想いが「北浜テラス」の誕生には込められている。

「北浜テラス」は2008年10月、2009年5月から7月に社会実験で仮設として実施し、8月から10月に「水都大阪2009」でのプログラム実施を経て、2009年11月から正式にスタートした日本で初めてとなる常設の川床を指す。

「北浜テラス」誕生には、地元ビルオーナー、店舗オーナー、水辺のまちづくりに関わるNPO等、それぞれの立場の人たちが描いていた強い想いと、水辺の魅力再生に関わる人たちの様々な体験、経験を活かしたことが不可欠であった。

長く北浜に住むあるビルオーナーは、曾祖母の時代に営んでいた料理旅館が船場の旦那衆を川から迎え入れる日常を今に復活させたい想いを持ち、それが川床実現への大きな力となっている。別のビルオーナーは、大阪の川を愛し、水辺のビルを所有することを実現させ、川とまちをつなげることを夢見てビルをリノベーションし、川床設置に参画している。このように、個性的で水辺を愛し、情熱のある人たちを中心に「北浜水辺協議会」が地元協議会として組織され、川床運営に取り組んでいる。

NPO等の立場で関わる人たちは、川床実現のために当該地域の特性や川沿いに立つ建物状況の調査、この計画に参画してくれるビルオーナー、テナントオーナーの発掘、川床利活用、デザインのガイドラインづくり、河川管理者等の関係各所協議などを進め、地元地域の人たちの想いの実現を手助けした。一方、建築やまちづくり、不動産に関わる人たちが持つ、水辺の利活用に関するノウハウや経験値により、短期間で計画案がまとめられ、企画スタートから1年ほどで最初の社会実験が実施できた。2009年以降も主要メンバーは地元協議会の一員として、引き続き川床運営をサポートしている。

(左ページ写真) 川床を楽しむ人たちの姿 (ビストロバール真琴の川床)

北浜テラス開始時のスキーム

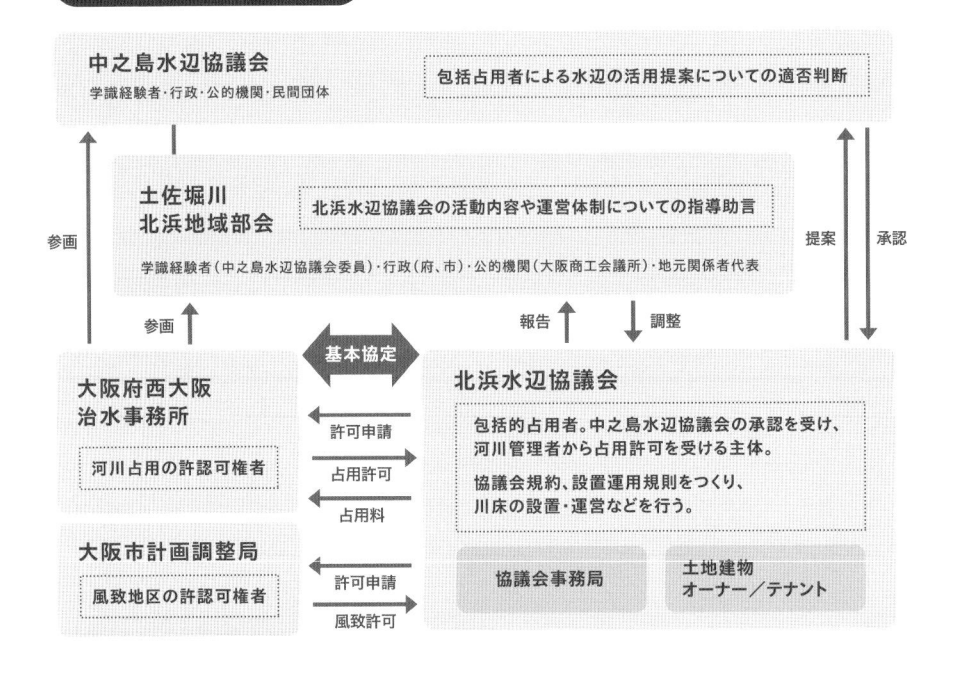

中之島水辺協議会
学識経験者・行政・公的機関・民間団体

包括占用者による水辺の活用提案についての適否判断

土佐堀川 北浜地域部会
北浜水辺協議会の活動内容や運営体制についての指導助言
学識経験者(中之島水辺協議会委員)・行政(府、市)・公的機関(大阪商工会議所)・地元関係者代表

参画 / 参画 / 報告 / 調整 / 提案 / 承認

大阪府西大阪治水事務所
河川占用の許認可権者

基本協定

許可申請 / 占用許可 / 占用料

北浜水辺協議会
包括的占用者。中之島水辺協議会の承認を受け、河川管理者から占用許可を受ける主体。
協議会規約、設置運用規則をつくり、川床の設置・運営などを行う。

協議会事務局　土地建物オーナー／テナント

大阪市計画調整局
風致地区の許認可権者

許可申請 / 風致許可

現在の許認可等に関する相関図

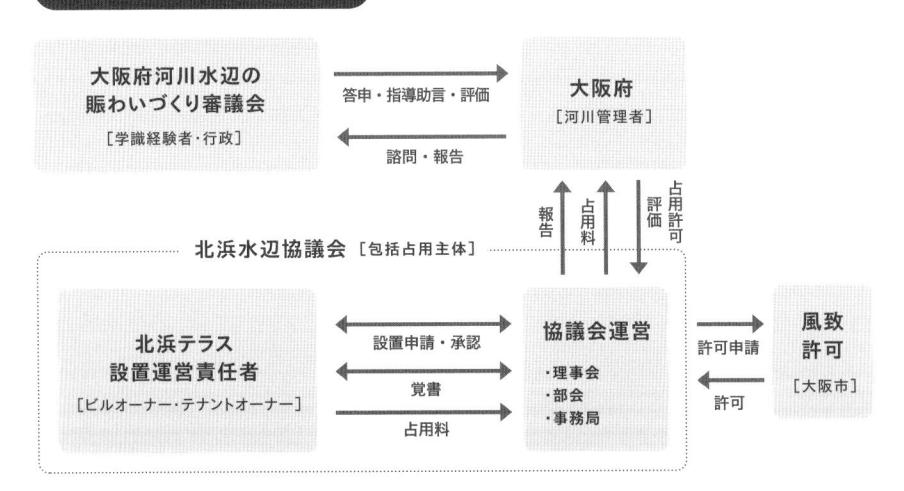

大阪府河川水辺の賑わいづくり審議会
[学識経験者・行政]

答申・指導助言・評価 / 諮問・報告

大阪府
[河川管理者]

北浜水辺協議会 [包括占用主体]

報告 / 占用料 / 占用許可評価

北浜テラス設置運営責任者
[ビルオーナー・テナントオーナー]

設置申請・承認 / 覚書 / 占用料

協議会運営
・理事会
・部会
・事務局

許可申請 / 許可

風致許可
[大阪市]

民間による河川空間の占用は「河川占用許可準則の特例措置」の改正(2009年1月)が行われ、北浜テラスは、この規則緩和のスキームでスタートした。その後、2011年3月の河川占用許可準則改正、2012年3月の都市・地域再生等利用区域の指定を受けて、引き続き公的役割の担い手として、北浜水辺協議会が河川占用主体者として、認められ現在に至る。

運営スキームについて

　「北浜テラス」の場合、区域指定による大阪の他の事例と異なり、川床設置者、使用者を中心とした地元住民、地域住民、NPO等が、自ら河川敷地の利活用に関する計画を立案している。そして、地域の方々や川沿いのビルオーナー、テナントオーナーへの説明や参画打診、河川管理者など関係各所との協議調整など多岐にわたる実現へのプロセスを踏んで、占用主体となる地元協議会を組織し、事業者（占用主体）として認められている。このような協議会形式による河川敷の占用、活用は画期的なことであるが、この場合、水辺を持つ地域がその場所の価値・魅力を理解し、活用方法の姿を総意として共有し、利活用する主体（担い手）として相応しい体制をつくることが必要不可欠であり、重要でもある。

「北浜テラス」のデザイン

　「北浜テラス」における川床は河川占用と合わせて工作物の許可を得ているが、これは建築基準法の適用を受けない工作物として扱っている。

　川床運営を行う地元協議会は主に川床を設置使用するオーナーらの年会費で運営されており、川床の設置も自らの費用により行っているため、必要以上に費用がかさむことは、川床の新規参入に大きなハードルになる。設計や建設コストを抑えることは、計画検討初期から大きな意味をもつ。また川床設置における許認可手続きが複雑になることも、運営上のネックになると考え、できるだけシンプルにすることを初期から思案していた。

　なかでも川床がいわゆる建築確認の必要な工作物になるかどうかは大きなポイントとなる。前述のNPOチームがこれを建築確認不要の工作物として扱えるように関係各所と協議を行ってきた結果、建築基準法の適用を受けない工作物となり、必要最小限の許認可手続きで、開放的なデザインの川床を設置できるようになった。

「北浜テラス」が目指す川床風景の未来

　前述のとおり、「北浜テラス」を実施しているエリアはかつて料理旅館が立ち並び、川からお客を迎え入れる、川にも開かれた街並みが広がっていた。

　しかし、現在ではそんな豊かな風景は一切なくなり、高い防潮堤防が続く画一的な姿になっている。「北浜テラス」を運営する北浜水辺協議会の面々は、かつての豊かな日常風景を復活させる手段として、土佐堀川左岸に船着場を整備し、活用を目指して、2011年、

2012年に二度の社会実験を行った。

　社会実験では、利用ニーズや船着場整備に関わる様々な課題（整備できる場所や管理運営方法など）の検証を行い、現在も地域で管理運営できる船着場をつくり、ほんとうの意味で川とまちがつながる水辺の実現を目指している。

（左）川とまちをつなぐための船着き場と川床の将来イメージ　（右）2011年に社会実験で設置した船着場

運営体制の問題

　北浜水辺協議会の役員は、川床を設置しているビルのオーナー、使用している店舗オーナーに、川床設置時に声掛けを行い、任意で加わっていただいた。スタート当初は川床の数も少なく、設立当初から関わる人たちが中心であったために、協議会の理念や北浜の水辺への想い、目指す将来像などが共有できていたが、現在は川床を設置使用しているオーナーの3/4は初期の経緯を共有していない。つまり一定の手続きを踏めば、河川敷を利用して川床が設置できることが当たり前のこととして捉えられているために、川床をつくった目的共有が図りにくい。各種ルールも理解されにくく、個別の要望への対応や、多岐にわたる事務的作業の負担が増加し、協議会運営の大きな問題の一つとなっていた。

　そこで、北浜水辺協議会では2015年度から、川床を設置するビルオーナー、使用するテナントオーナーは協議会の理事に就任してもらうことを必須とし、さらに協議会運営に関わる様々な業務の担当についてもらうことにした。これまで初期メンバーやNPOメンバーなどが担っていた業務・役割を担うことで、地元オーナーたちが中心となるよう体制強化をはかり、さらに安定した協議会運営を行えるように取り組んでいる。

川床から見える中之島の風景(上:MOTO COFFEEの川床、下:Buon Grande ARIAの川床)

存続に揺れる食文化 — 広島かき船

　ただ船の中で食事をするというだけのことが、その場を囲む人たちの空気感を高揚させ、会話や食事が楽しく印象深いものになるようにしてくれる、なんとも説明し難い力を感じたことがある。

　現在でこそ水上体験、船上体験をするきっかけが数多くある中で、広島のかき船は、その原点と言えよう。しかし、営業利用の継続や占用許可の更新などで様々な課題があると聞く。かき船の存続に向けた動きは、他の地域でもある河川区域内で行われてきた法的扱いの難しい取り組みの存続、継続の可能性を示す事例として興味深いものである。

江戸時代から続く食文化

　広島市に流れる元安川の河川内に2隻のかき船がある。平和大橋南側の左岸に「かわな」、右岸に「ひろしま」が係留され営業を続けている。

　江戸時代初期には、牡蠣は船で畿内まで運ばれ販売されていたが、販売だけではなくその場で試食をさせるために船の上に座敷を設けて、牡蠣料理を食べさせるようになったのが、かき船の起源とされている。

　明治の頃には事業者が増え始め、昭和初期には150以上のかき船があったとされるが、戦後、陸地に店舗を構える事業者が増え、現在は広島市に2隻、呉市に1隻、大阪市に1隻、松本市に1隻が残るのみとなっている。

　歴史ある広島の文化とも言えるかき船であるが、過去に台風により漂流した経緯があることから近年、治水上の問題から国はかき船の撤去を求め続けていた。

区域指定制度の活用

　国からの撤去を求める動きに対して、2014年3月末に広島県知事・広島市長は、広島の食文化・魅力的な観光資源である旨の文書を連名で国の河川事務所に提出し、そのあり方について検討を行うとし、2014年4月以降に具体的な検討が始まった。

　その中で活用されたのが河川占用許可準則の改正で新たに定められた「都市・地域再生利用区域」への指定制度である。

　国土交通省中国地方整備局は2014年11月に2隻のかき船の移転候補地となる河川

空間を区域指定し、河川事務所も2014年12月には2015年4月以降の河川占用許可も受け、かき船の存続に光がさすかたちとなった。
　一般的に未利用地や護岸整備などによって新たにつくられる河川空間の利活用を促進する制度と捉えることができるものを、現存する事業継続のためのスキームとして制度利用を検討し、区域指定が承認されたことは画期的であり、他の類似事例の継続・存続のための手法としても活用できる可能性を示している。

移転問題
　昨年末に区域指定を受けて、存続の光がさしたかき船であるが、2隻のうちの1隻の移転先（区域指定を受けた場所）を巡って、大きな議論が起こった。
　かき船の移転先となる河川は、死水域（流域疎通に関わってない水域）の中から選ばれたのであるが、この移転先が平和公園の緩衝地帯（バッファーゾーン）内にあることから、市民団体などから反対意見が挙がっている。

（上）かき船「ひろしま」（下）かき船「かわな」　　［かき船の移転先地図］

緩衝地帯の河川敷には観光船の船着場や、オープンカフェもあり、多くの観光客が利用しており、代表的な広島の水辺風景のひとつとなっている。新たに移転するかき船も、風情を感じさせつつも環境や景観、文脈に配慮されたデザインで、広島の水辺風景を創出してもらいたいが、一連の議論に対して、どのような対応や見解が示されるか、画期的な制度活用となるこの事例の今後に注視したい。

水辺空間利活用の新しいスキーム

　「北浜テラス」のように、社会実験として行われてきた水辺空間の利活用が新しいスキームに移行して事業が継続したり、規制緩和の制度を利用した事業プロポーザル等により、市民が集い、憩う場所として、賑わいの風景が水辺に広がっている。また、東京など各地で地先利用による水辺の利活用が進みつつある。

　しかし、公共用地である河川敷を活用する上で、その公共性・公益性を担保する必要性やそれを担うための地域の合意形成と利活用を担う受皿としての地域協議会等の設立と運営は大きなハードルであり、さらなる水辺活用の実現にはまだまだ時間がかかる。

　「かき船」の事例は、現行法令に適合しない河川空間の利用や占用目的と実態が異なる河川空間の利用実態をスキーム移行することによって、適正なかたちで利活用を継続させる可能性を示す好例であるが、これも初めての試みであったために、スキーム利用のプロセスにおける課題を示している。

　スキームを活用する上では、河川空間を管理する行政側と利活用する協議会等の地元市民（プレイヤー）との間に立ちつつ、公共性の担保と利活用を担う地域協議会等の運営をサポートし、スキーム活用や取り組み全体をディレクション・マネジメント、あるいはアドバイスできる人材が新たな職能として、必要不可欠だと感じている。しかし、このような人材はまだまだ少ないため、経験や体験を伝える「水辺エヴァンジェリスト」や実際の事業や取り組みを支援する「水辺アドバイザー」とでも呼ぶべき担い手の育成も重要な課題である。

　しかし、このような事例で得られた経験や体験が広く共有され、スキームが各地で活用されていくことで、そのまち固有の魅力的な新しい水辺の風景が誕生し、日本が世界に誇れる水辺の国になることを夢見ている。

1	2
3	4

1. 柵のない開放的な元安川の水辺。飲物を片手にくつろぐ人の姿が印象的である　2. 規制緩和を利用した元安川の河川空間に建つオープンカフェ。対岸には平和公園がある　3. 元安川に係留されている「ひろしま」(左)と「かわな」(右)
4.「かわな」の移転先近くの水辺。観光船や宮島への連絡船の船着場や水辺のオープンカフェが並び、観光客で賑わう場所となっている。上流には原爆ドームがある

Chapter 2 ｜ 水辺を変えるアクション　123

CASE
13

境界をまたぐ

水辺を物理的、精神的な境界としてではなく、人々の生活をつなぐ場所へ変えていくには何が必要か。アートも民の高い志も受け入れる、包容力のある水辺が都市の再生を牽引していく。単一の機能空間からマルチファンクショナルな場所へ。水辺の可能性は、すべてを受け容れ、人々を結びつけることだ。

タイン川をまたぐシビックプライド ― ニューキャッスル／ゲイツヘッド

　タイン川の畔に佇んで、19世紀の頃のこの場所の風景を思い浮かべてみる。中世の昔から石炭という天然資源に恵まれ繁栄したこの地域は、産業革命以後は鉄鋼業や毛織物産業で栄えた。川の北岸（左岸）に位置するニューキャッスルは、正式名称をニューキャッスル・アポン・タインといい、まさにタイン川とともに栄えてきたまちだ。特に19世紀末には世界最大の造船所があり、世界の船舶の1／4がここでつくられたという。一方の南岸（右岸）に位置するゲイツヘッドには蒸気機関車の製造所が立地し、ともに鉄を使った産業で栄華を競っていた。建造当時、世界最大のアーチ橋だったタインブリッジは、このふたつの都市の繁栄を象徴するシンボルだった。

　しかし、第二次大戦後には鉄鋼業は大きく衰退し、炭坑も閉鎖された。両市は基幹産業を失い急激に衰退していく。特にニューキャッスルに比べて人口も少なく、知名度も低かったゲイツヘッドの落ち込みは激しかった。そのような状況の中、ゲイツヘッドに天使が舞い降りる。炭鉱の跡地に、イギリスを代表する彫刻家アントニオ・ゴームリーが造船の技術を活かして巨大な作品を設置する計画に対し、ノーザン・アーツという文化助成機関が58万ポンドもの助成を決めた。そして制作された「エンジェル・オブ・ザ・ノース」の存在がニューキャッスル／ゲイツヘッドの未来を大きく変えることになる。

　エンジェルには、1998年の完成直後から年間約10万人の観光客が訪れた。ゲイツヘッド市はこの機運を逃さないために、観光や文化施策に力を入れた。タイン川に架かるミレニアムブリッジのコンペティションはその先駆けとなるプロジェクトだった。これまでライバル関係にあった川向のニューキャッスル市とともに川を挟んだ両市がともに繁栄していく姿勢が示された。タインブリッジと呼応する美しいシルエットを持つこの人道橋は、両市の連携を深め、ともに都市再生を進める象徴となっていった。これを皮切りに、ゲイツヘッドは製粉工場をリノベーションしたアートセンターや音楽ホールを矢継ぎ早に計画していく。このプロセスでニューキャッスルとの連携を密に図り、2001年には欧州文化首都の共催に立候補する。惜しくも落選するが、その後もこれをきっかけとしたカルチャー10という文化施策を両市の協働で進めている。

　その成果によってタイン川の風景は、ひとつのイメージにつながった。川岸のオープンス

（左ページ写真）鉄のための水辺から人のための水辺に生まれ変わったタイン川

ペースには多様なアクティビティが生まれ、人々はミレニアムブリッジを自由に行き交う。文化や芸術のイベントが頻繁に開催され、観光客だけでなく、市民の日常生活にもアートが根付いた。いま、目の前にあるタイン川は、19世紀のそれとは大きく趣きが異なる風景になっている。

　重工業から文化・観光業へ産業構造の華麗な転換を成し遂げたこれらのプロジェクトは、「鉄から人へ」その対象は変わったものの、炭鉱の資源をタイン川に持ち込み、世界へ発信していくやり方は変わらない。両市にとって川は境界であり、奪い合うインフラであったが、いまも昔も世界とつながる窓口であり、都市の一番の魅力的な場所なのである。そして、いまミレニアムブリッジを渡るとき、その両市の境界はなくなり、川を中心とした都市の魅力が発展していくムードを強く感じることができる。

多様な主体をつなぐ架け橋 ― 浮庭橋

　開削400年を迎えた道頓堀。グリコの看板の戎橋がおなじみだが、そこから西へ数百メートル下ったところに、青々とツタを垂らした不思議な橋が架かっている。その名も「浮庭橋」。吊り構造でデッキを浮かせることで、川の上にポツンと浮かぶ庭がつくり出されており、流軸方向に斜交する配置がひときわ存在感を際立たせている。

　橋の建設費には民間企業からの寄付が充てられている。道頓堀川の北（堀江）と南（湊町）をつなぐ発端となったのは、1992年の堀江側での特定街区制度をつかった開発計画だ。容積移転による容積率1300%のビルは当時日本一の計画で、公共貢献と湊町方面からの人の誘引のために官民協働で橋をかけるプランが描かれた。しかし時代はバブル崩壊を迎え、計画は凍結。戎橋界隈の賑わいをよそに、四ツ橋筋を越えたこのあたりの道頓堀川は、場末の雰囲気を漂わせていた。

　そんななか、この川面に魅力を見出した人がいた。事業が頓挫し、見捨てられた敷地に残されていた洗車場の建物をリノベーションして、水辺に1件のレストランがオープンしたのは2001年のことだった。床のレベルを数十センチ持ち上げ、店内のレイアウトを検討し、既存の建物内部から水面が見えるように工夫が凝らされた。このモダンなチャイニーズレストランは大盛況。堀江がお洒落なまちに生まれ変わる前に、水辺が人々を惹きつけるきっかけをつくった。この建設プロセスにおいて、事業者は市と堤防を取り除くための協議を重

1	2
3	4

1.タインブリッジとミレニアムブリッジが美しく呼応している　2.川岸につくられた音楽ホールのロビーは人々の居場所になっている　3.炭鉱跡に舞い降りた「エンジェル・オブ・ザ・ノース」　4.タイン川沿いのオープンスペースでは様々なアクティビティが生まれる

ねたものの、それが実現されるには至らなかったが、この取り組みが水辺を大きく動かしていくことになる。

その翌年には、対岸に湊町リバープレイスが完成。FM大阪やなんばHatchなど若者の一大情報発信拠点が建設されたが、なかでも注目すべきは屋外の大階段だ。川に向かって開かれた広大なオープンスペースがつくられることで、人々が水面を見下ろしながら滞留することができる空間が確保された。屋外空間の設計者は川と広場の「空間的・景観的な一体化」を意識したと述べている。

この開発をきっかけにこの地区のイメージは刷新される。凍結されていた堀江側の開発が、今度は地区計画制度による容積移転の仕組みを用いて再度計画されることとなる。この時、市と事業者との協議の中で再浮上したのが道頓堀を渡る橋の話であった。事業者は社会情勢の大きく異なる10年以上も前の約束を果たし、市に橋の建設のための寄付金を支払う。

市はこれを原資にデザインコンペと公募型設計提案の2段階のコンペを行い、「浮かぶ原っぱ」をコンセプトにした人道橋の建設が決定。同時に堀江側の先行街区にはキャナルテラス堀江の開発が進み、橋と沿川商業施設が同時に設計・施行されることとなった。それぞれの設計者が直接協働をすることはなかったようであるが、市を介して、レベルや素材などアクセスの連続性や景観の統一感がつくられている。こうして完成した橋の名称は一般公募され、「浮庭橋」と命名された。

ここでは、橋の建設に係る経緯を述べてきたが、この場所に橋が架かる伏線はもっと過去から張られていたのかもしれない。この場所には、古くから様々な意志が込められている。戦災復興土地区画整理事業では、湊町側には都市公園が、堀江側には橋詰の敷地が確保される計画となっている。また、1983年の湊町地区総合整備計画、1992年のルネッサなんばなど、関西国際空港の開港に向けた市内の玄関口としての整備構想が描かれており、その中には道頓堀川の南北を地下通路でつなぐ案も含まれている。一方、河川整備に関しても、1995年に道頓堀川水辺整備事業がはじまり、水位調節のための水門とそれによって可能となった遊歩道の整備が進められており、現在ではとんぼりリバーウォークとして戎橋界隈から東西に延伸している。

このように浮庭橋は、長い時間と多くの人の関わりによって実現した、時間的・空間的な想いをつなぐ架け橋だ。官民の連携にとどまらず、行政・事業者・設計者・利用者など様々な人の水辺に対する想いがこの橋を支えている、いや浮かせているのだ。

1	2
3	4

1.湊町リバープレイスの大階段　2.桟橋には観光船が発着する　3.地域の人に庭として利用されている橋
4.夜はいっそうこのエリアの魅力が際立つ

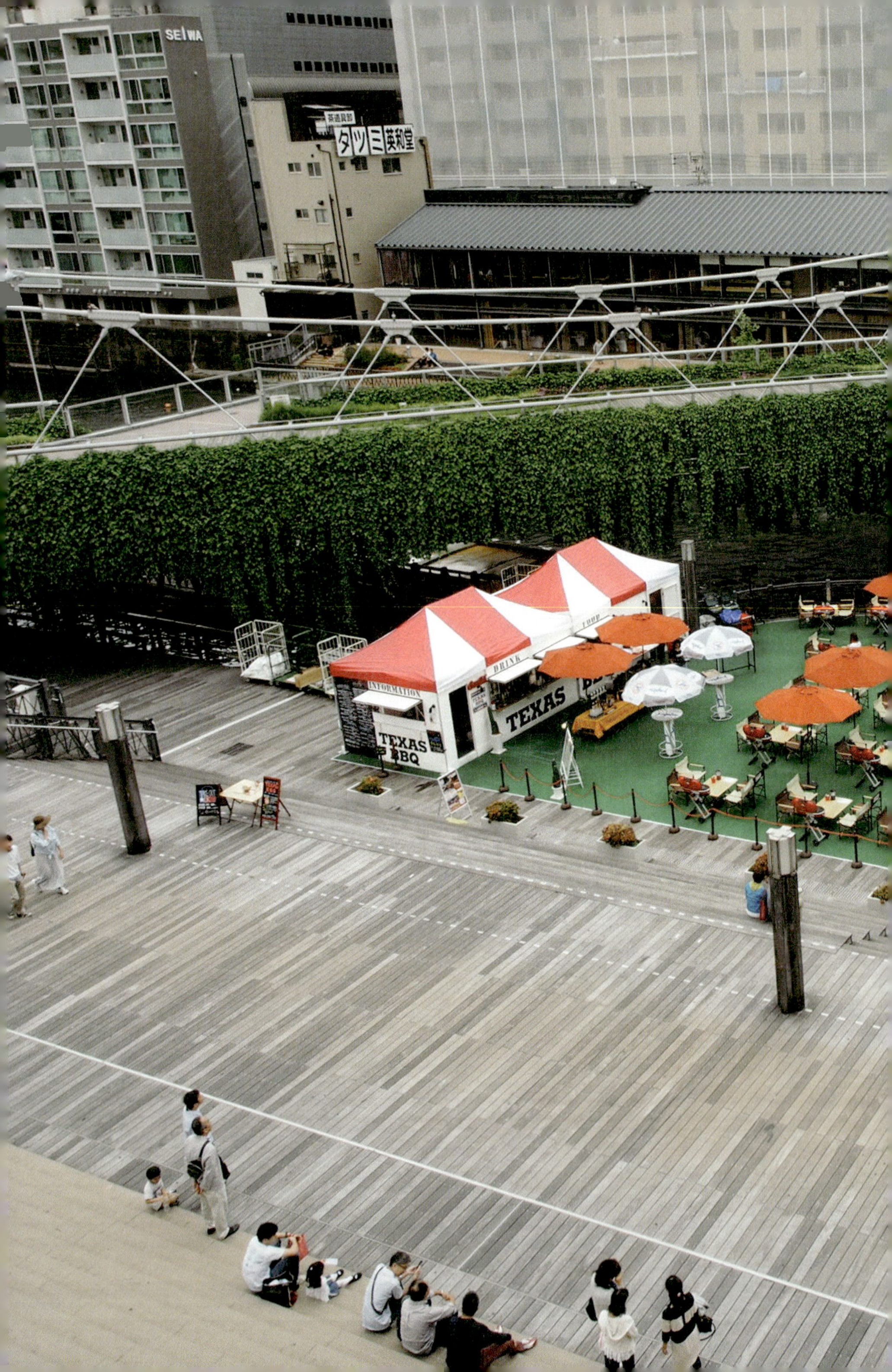
SEIWA
タツミ英和堂
INFORMATION
DRINK
TEXAS
TEXAS BBQ

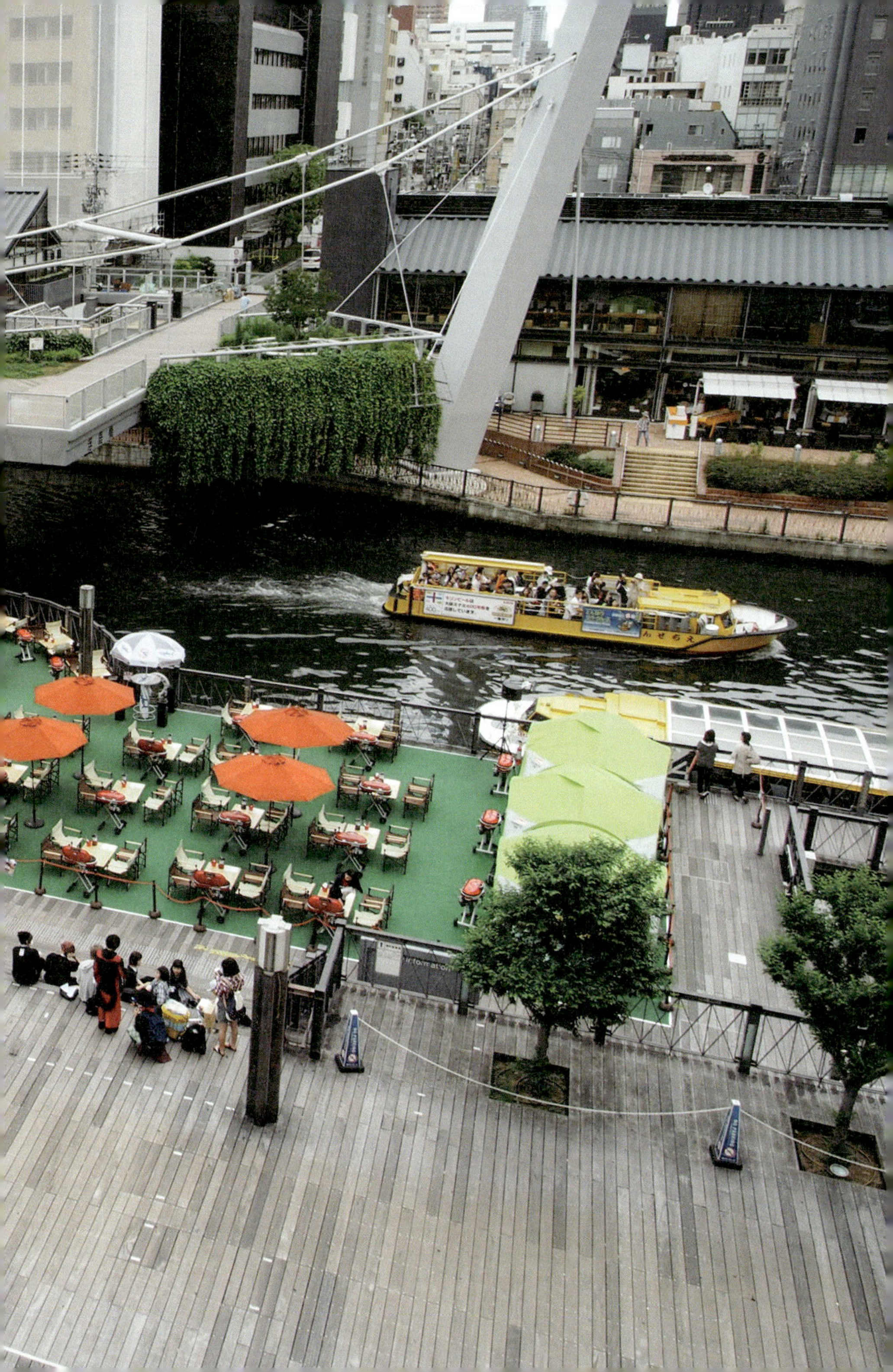

見える境界／見えない境界

　水辺は都市の境界か、もしくは都市の中心か。川は空間的な連続を分断する要素であることに違いない。しかし、パリもロンドンも、そして大阪も、まちの中央に川が流れ、川はまちの起源であり、繁栄を支える中心であった。川の真ん中に見えない線を引き、社会システムの境界とするようになったのは、いったいなぜだろうか。

　古来より水辺は人を惹きつけもし、遠ざけもしてきた。水辺は魅力的な賑わいや憩い場所であったし、同時に粗暴で威圧的な自然の猛威にさらされる場所でもあった。特に近代の土木技術が確立する以前には、水辺は避けがたく危険な場所であったし、空間を分断するものであったに違いない。しかし同時に、そこは人が集まる場所であり、様々なものや情報が交流する都市の活力の源であっただろう。物理的には空間を分断する空間であったが、水辺は多くの人々をつなぐ場所としての性格を色濃く持っていたのではないだろうか。

　いま、人々をつなぐ場所は水辺ではなく、駅や空港にとって代わられている。人々が集まる駅や空港は、出会いの期待感にあふれている。しかし一方で、そこは目的が限定された移動の起点や結節点としての空間となっている。都市には一つの機能だけを満たすようにつくられたシングルファンクショナルな空間があふれている。一方で、多目的広場といったような全く機能を持たない空間は、かえって多様性を受け容れず退屈で無目的な空間となっている。重要なのは機能や利用の重畳性が確保されたマルチファンクショナルな場所だ。水辺が魅力的なのは、効率性が求められる都市で、開放感と可能性の大きな広がりを備えており、このようなマルチファンクショナルな性格を持つ唯一の場所となっているからである。

　物理的な目に見える境界としてではなく、目には見えない社会的な制度としての境界が、水辺を人々の生活の中心から遠ざけてしまった。社会が高度化していくなかで、あらゆる領域で分業や分担による効率化が図られ、縦割りの仕組みのなかで、都市には目には見えないたくさんの境界が引かれるようになった。しかし、当たり前ながら、私たちが見ている風景のなかに、このような線が現われているわけではない。私たちは日常生活において、このような境界の存在をほとんど感じることはない。むしろ都市の風景を一体的な連続したものだと捉えて生活している。見えない境界は生活によって結ばれているのだ。

　魅力的な都市の水辺は、人々の生活の中心として多様な使われ方を許容し、人々を結びつける場所なのではないだろうか。

水辺のアクティビティによって川が境界ではなく、出会いの場として機能している

CASE 14

マネジメントの仕組みをつくる

水辺を魅力的な場としていくには、河川管理者だけでは不十分だ。地域や民間事業者をはじめ、ステークホルダーとなる様々な主体が連携しつつ、高質なエリアマネジメントへと展開する必要がある。こうした取り組みが継続されることで、水辺の価値が維持・向上し、その効果は都市全体へと波及する。

官民パートナーシップとエリアマネジメント ― サンアントニオ

　アメリカ、テキサス州西部の都市、サンアントニオはいまや全米屈指のコンベンションシティとして知られる。

　その中心部にあるリバーウォーク周辺には、ホテルやレストランが建ち並び、沿川には大規模なコンベンションセンターやショッピングセンターもある。遊歩道では絶えず観光客が散策を楽しんでいる。

　また、水上に目を移せば、観光客を満載した船が絶えず行き交っている。まさに水都の光景そのものである。その歴史は戦前の都心を流れるサンアントニオ川をリバーウォークとして再整備する取り組みにさかのぼる。

　もともと、リバーウォークはサンアントニオ川が都心で蛇行する馬蹄形のエリアで、氾濫を繰り返してきた歴史があり、治水上も課題の多いエリアだった。戦前、ロバート.H.H.ハグマンによるリバーウォーク構想の立案がきっかけとなり、上流にダムを設置し、リバーウォークをバイパスする水路を整備し、本流との間に水量調節施設（アーチ型水門）を設置し、水深が1フィート程度に浅くなることで安全を確保し、沿川には遊歩道が整備された。

　その後、一時的に水辺は衰退するが、戦後の全米建築家協会サンアントニオ支部が中心となったリバーウォーク再生マスタープランをもとに1968年の万博開催にあわせて河川周辺の開発、美化、イベント開催などにより、活性化に成功し、一気にその認知度を高めた。また、2001年にはコンベンションセンターを拡張するなど、継続的にその活性化に取り組んでいる。

　サンアントニオでは、単なる河川事業、治水問題の解決だけにとどまらず、都市再生の計画として構想された。治水対策、環境美化、快適な公共空間の実現、中心市街地の再生といったサンアントニオの命運をかけてリバーウォークを生み出した。治水のための各種整備にあわせて、水質の改善や安全な水辺づくり、そして、産業活性化としてのホテル、レストランなどの沿川立地を進め、これらをつなぐネットワークとしての遊歩道や舟運ネットワークを構築した。問題解決型のアプローチだけに終始せず、水辺を都心にある貴重な未活用の資源として捉えたことがいまの成功につながっている。

（左ページ写真）北浜テラス。川床の出現により豊かな水辺の風景が生み出された（提供：松本 拓）

水辺を都市再生の核として活用するという戦略のもと、リバーウォーク周辺は徹底して質の高い魅力的な公共空間として整備、運営されている。治水上も防犯上も安全な市民・観光客の憩いの空間として24時間開放され、誰もいない水辺になることのないように、道路・橋梁周辺や沿道の建築物からのあらゆるアクセスも確保されている。その結果、沿川のレストランやホテルを利用する観光客の散策、ジョギングやウォーキングをする人々、一定間隔で乗船できる船着場の設置など、常に人と船が行き交う水辺の風景が実現されている。

　沿川空間の利用や建築計画にあたっては、リバーウォークの活性化を目指して規定のルールに縛られず、民間との対話によって柔軟な利活用を実現することで、安全で魅力的な水辺を生み出している。

　しかし、その一方で、高質な水辺空間の整備と管理を行政だけで実現していくのは、財源的にも他地区との公平性の面でも難しい。そこでリバーウォークの整備・管理にあたっては、行政と民間との役割分担が明確になされている。

　行政の役割は将来ビジョンやマスタープランの策定と管理者としての業務（占用許可および占用料の徴収、公共空間の整備・維持管理費の負担）であるのに対し、非営利組織や民間事業者が多様な役割を担っているのがリバーウォークの特徴である。リバーウォークのプロモーションやイベントを実施する非営利組織、パセオ・デル・リオは沿川の民間企業の会費によって運営され、リバーウォークでのイベント実施時にはその包括占用主体となる。

　また、リバーウォークを含む中心市街地のマネジメント主体であるダウンタウン・アライアンスは、エリア内地権者の賦課金を財源としたPID（Public Improvement District）主体として、公共空間の付加的な維持管理、植栽のメンテナンス、観光案内、マーケティングなどのエリアマネジメントを実施している。

　これらに加え、民間事業もリバーウォークの賑わいづくりに寄与している。ホテルやレストランなどの沿川の民間事業者は、リバーウォークの占用料を支払い、周辺の賑わいづくりに寄与しつつビジネスを成立させている。また、舟運事業者は市と10年間の事業契約を独占的に結び、安定的に事業を展開している。

サンアントニオの水辺都市のエリアマネジメントスキーム

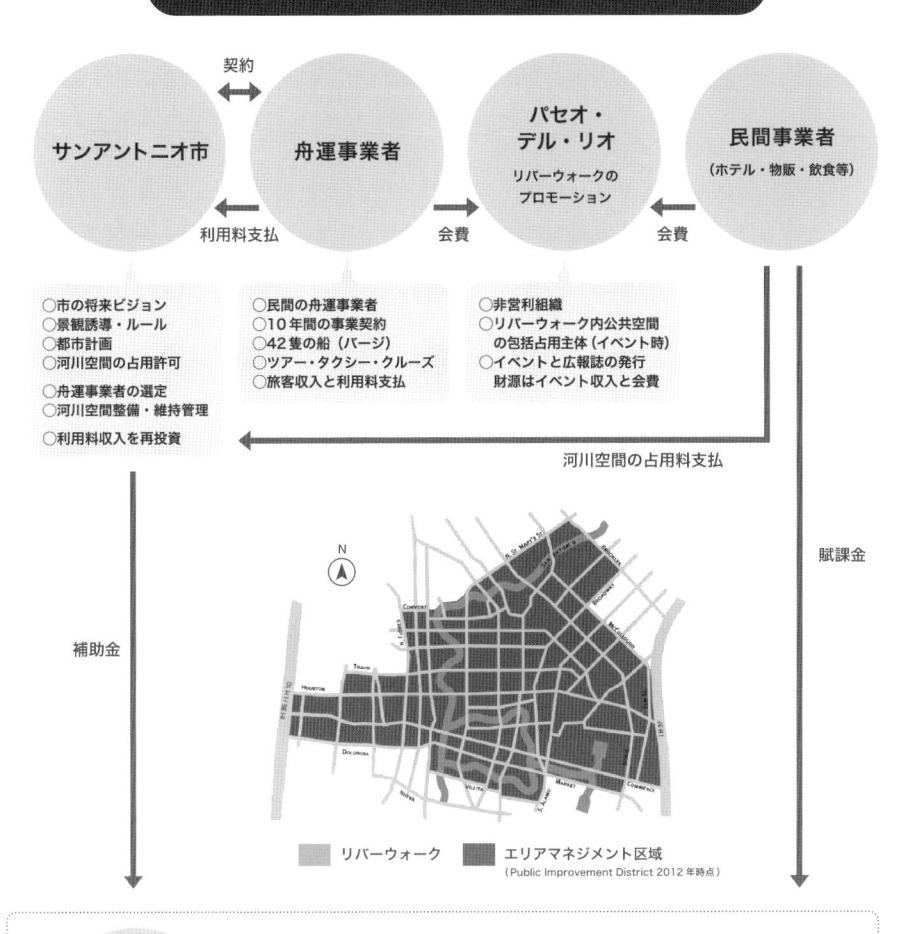

```
       契約
サンアントニオ市 ⇔ 舟運事業者 → パセオ・デル・リオ ← 民間事業者
                                   リバーウォークの         （ホテル・物販・飲食等）
                                   プロモーション
         ← 利用料支払    会費         会費
```

- ○市の将来ビジョン
- ○景観誘導・ルール
- ○都市計画
- ○河川空間の占用許可
- ○舟運事業者の選定
- ○河川空間整備・維持管理
- ○利用料収入を再投資

- ○民間の舟運事業者
- ○10年間の事業契約
- ○42隻の船（バージ）
- ○ツアー・タクシー・クルーズ
- ○旅客収入と利用料支払

- ○非営利組織
- ○リバーウォーク内公共空間の包括占用主体（イベント時）
- ○イベントと広報誌の発行
  財源はイベント収入と会費

河川空間の占用料支払

補助金 / 賦課金

■ リバーウォーク　■ エリアマネジメント区域
（Public Improvement District 2012年時点）

エリアマネジメント組織　CENTRO SAN ANTONIO / DOWN TOWN ALLIANCE

- ○非営利組織
- ○ダウンタウンオーナー
- ○周辺公共施設等も参加
- ○ビジネス会員に加えて、個人会員も参加

- ○財源約200万ドル/年
- ○プロモーション
- ○マーケティング
- ○観光案内
- ○公共空間管理・清掃
- ○植栽の維持管理

Chapter 2 | 水辺を変えるアクション　137

（上）リバーウォーク周辺は舟運と店舗で賑わう　（下）遊歩道周辺は民間事業者のテラス席として利用されている

（上）とんぼりリバーウォーク。多種多彩なイベントにも利用されている
（下）京橋川オープンカフェ（独立店舗型）。河岸緑地に設けられている

日本の水辺空間マネジメント — 大阪／広島

　わが国では、河川敷地占用許可準則の特例措置（2004年）、同特例措置の一般化（2011年）により、民間事業者らの河川空間での事業実施が可能となった。こうした背景のもと、地域の賑わいづくりや水辺の利活用を目的として、全国で様々な取り組みが広がっているが、なかでも地域の民間事業者、住民らが一体となって水辺の賑わいづくりや維持管理などに取り組んでいる例が、大阪の北浜テラス、とんぼりリバーウォーク、広島の京橋川・元安川のオープンカフェだ。

　いずれの取り組みも、水辺のまちづくりを展開する主体が河川敷地の占用主体となっているが、地域住民との意見調整や周辺まちづくりとの連携、プロモーション、維持管理、イベントの実施などについて多主体を巻き込みながら、幅広い取り組みを進めているのが特徴となっている。

　大阪のとんぼりリバーウォークでは、南海電気鉄道株式会社が占用主体となり、プロモーションや維持管理などを一体的に実施しつつ、地域との連携は道頓堀川水辺利用検討会を通じて行われている。地元の主催する催しの会場や、水都大阪に関わる各種イベント会場として利用されるとともに、民間企業の実施する各種イベントにも利用されているのが特徴となっている。地域のまちづくりに取り組んできた民間企業が占用主体となっており、地域との意思疎通もスムーズに進んでいる。

　大阪では、民間企業が占用主体となるケースや北浜テラスなど地元協議会が占用主体になるケースなど、地域の実情や場所の特性に応じて多様化が進んでいるが、いずれの場合においても地域まちづくりとの連動が図られている。

　京橋川・元安川は市民、行政、経済界などが一体となり設立した協議会が自ら占用主体となっている。広島の太田川デルタを対象にその整備と利活用の促進を目指し、「水の都ひろしま」構想を実現・推進しており、その一環として地域との連携も配慮しながら直接占用主体となっている。

とんぼりリバーウォークのスキーム

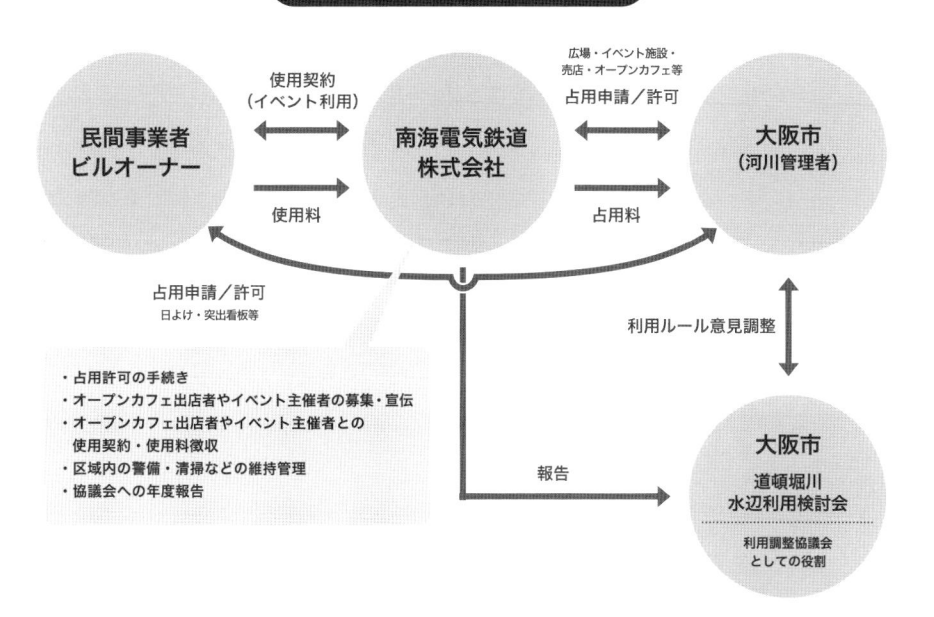

民間事業者
ビルオーナー
　←使用契約（イベント利用）→
　←使用料←

南海電気鉄道株式会社
　←広場・イベント施設・売店・オープンカフェ等　占用申請／許可→
　←占用料→

大阪市（河川管理者）

占用申請／許可
日よけ・突出看板等

・占用許可の手続き
・オープンカフェ出店者やイベント主催者の募集・宣伝
・オープンカフェ出店者やイベント主催者との使用契約・使用料徴収
・区域内の警備・清掃などの維持管理
・協議会への年度報告

報告 →

大阪市
道頓堀川
水辺利用検討会

利用調整協議会
としての役割

←利用ルール意見調整→

広島・京橋川・元安川（水の都ひろしま推進協議会）のスキーム

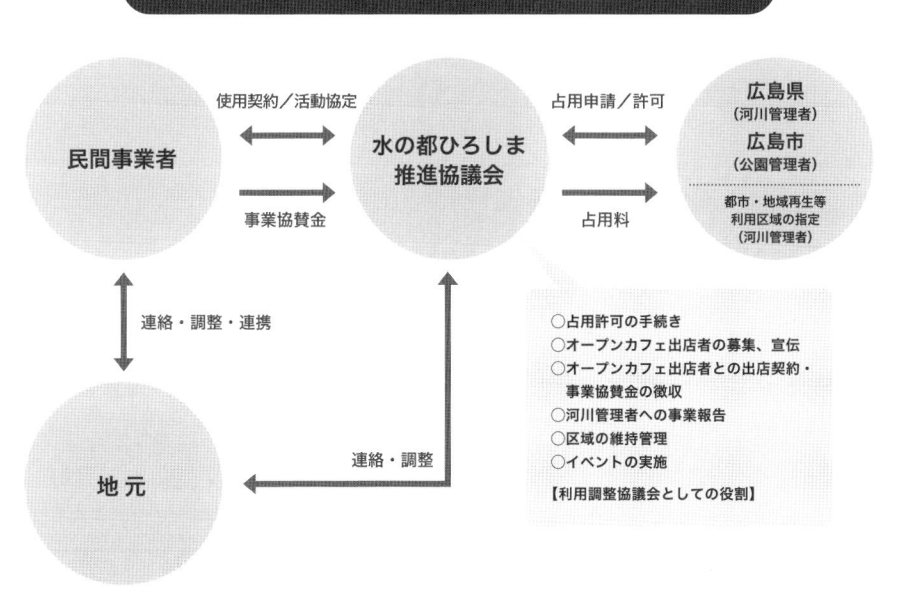

民間事業者
　←使用契約／活動協定→
　←事業協賛金←

水の都ひろしま推進協議会
　←占用申請／許可→
　←占用料→

広島県（河川管理者）
広島市（公園管理者）
都市・地域再生等
利用区域の指定
（河川管理者）

連絡・調整・連携 ↕

地元　←連絡・調整←

○占用許可の手続き
○オープンカフェ出店者の募集、宣伝
○オープンカフェ出店者との出店契約・事業協賛金の徴収
○河川管理者への事業報告
○区域の維持管理
○イベントの実施
【利用調整協議会としての役割】

「水辺」から「水辺都市」全体のエリアマネジメントへ

　散策やジョギングで人の絶えない遊歩道、水上を行き交う船。沿川には水辺に向かって開いた建築やオープンカフェが軒を連ねる。魅力的な水辺には人々のアクティビティが宿り、それが水辺の風景をつくり、それが魅力となってさらに水辺が都市のマグネットとなる。このような水辺都市再生のスパイラルをどのように生み出し、マネジメントをしていくか。

　水辺をまちに開き、魅力的な場所とするには、河川管理者だけの努力では限界がある。水辺の高質な空間整備や維持管理、防犯や安全の確保とともに、カフェやレストランなどの賑わい施設といった民間施設が河川空間を占用することが有効で、多面的な視点でその活性化に取り組む必要がある。加えて重要なことは、まちづくりを水辺空間のみで完結せず、河川、公園、周辺市街地を含む都市空間全体へと展開させていくことだ。

　魅力的な水辺を実現するには質の高い整備とともに、その後のきめ細かなマネジメントが必要になる。従来の公共空間よりも付加的な空間管理には財源も必要となる。プロモーションやイベントなど多面的に取り組むことも必要になるだろう。行政だけがこうした資金負担を行うことも現実的ではない。

　こうした背景から、大阪や広島のように水辺を含む都市空間をパートナーシップ型で一体的に管理運営するエリアマネジメントを導入する動きがある。エリアマネジメントとは地域における良好な環境や地域の価値を維持・向上させるための、住民・事業主・地権者らによる主体的な取り組みであり、都市再生の実現手法としていま世界で注目されている仕組みだ。エリアマネジメントは非営利組織が主体となり、行政はその承認や審査は行うものの、基本的には民間や地域がその中心となっている。

　行政の戦略的なマスタープラン、管理者の公共空間の利活用に対する柔軟な運用や規制緩和、民主導のエリアマネジメント、そして官民のパートナーシップによって、水辺都市全体の空間マネジメントを実現していくことがポイントになる。

　一方、エリアマネジメントへの関心は水辺だけにとどまらず、都市再生という視点からもその導入が広がりをみせている。

　サンアントニオでのエリアマネジメントはリバーウォークを中心とする水辺の賑わいづくりや遊歩道整備からスタートし、いまではダウンタウン全体のエリアマネジメントへと発展を遂げ、賑わいづくり、空間管理、周辺のまちづくり、プロモーション、イベントなどが水辺

とともにダウンタウン全体へと広がりをみせた。水辺都市全体のエリアマネジメントに発展したことで、水辺の賑わいにとどまらず、その効果は中心市街地の活性化にも寄与している。

大阪では、2014年に日本初のBID条例（大阪市エリアマネジメント活動促進条例）が成立し、同時期に都市再生整備計画として水都大阪再生地区が指定された。今後は、沿川の賑わいづくり、水辺空間整備と周辺の再開発やまちづくりと一体となったエリアマネジメントへの展開を目指している。

こうした水辺都市を実現しうる制度や仕組みの構築は、河川管理者のみならず、国・地方自治体などの行政機関の様々な分野に及んで相互に緊密な連携が不可欠であり、さらなる発展が待たれる。

水辺都市のエリアマネジメントのイメージ

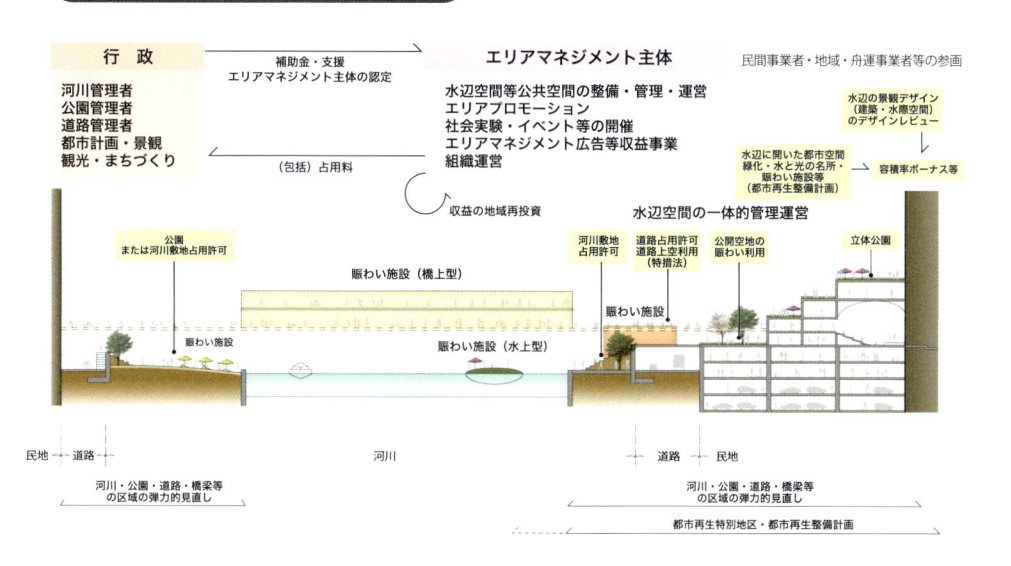

行政	エリアマネジメント主体	民間事業者・地域・舟運事業者等の参画
河川管理者 公園管理者 道路管理者 都市計画・景観 観光・まちづくり	水辺空間等公共空間の整備・管理・運営 エリアプロモーション 社会実験・イベント等の開催 エリアマネジメント広告等収益事業 組織運営	水辺の景観デザイン （建築・水際空間） のデザインレビュー 水辺に開いた都市空間 緑化・水と光の名所・ 賑わい施設等 （都市再生整備計画） 容積率ボーナス等

補助金・支援　エリアマネジメント主体の認定　（包括）占用料　収益の地域再投資　水辺空間の一体的管理運営

公園または河川敷地占用許可　賑わい施設　賑わい施設（橋上型）　賑わい施設（水上型）　河川敷地占用許可　道路占用許可・道路上空利用（特措法）　賑わい施設　公開空地の賑わい利用　立体公園

民地　道路　河川　道路　民地

河川・公園・道路・橋梁等の区域の弾力的見直し　　河川・公園・道路・橋梁等の区域の弾力的見直し

都市再生特別地区・都市再生整備計画

Chapter 2 ｜ 水辺を変えるアクション　143

CASE 15

水辺から計画する

世界各地で都市再生が進められている。様々な戦略プランをもとに展開されるこの取り組みには、水辺を中心として展開するという共通点を持つことが多い。都心に近く、低未利用であり、かつ景観的魅力を有する水辺はいわばダイヤの原石。磨けば必ず輝きを放ってくれる。水辺のポテンシャルを活かして都市再生を実現している各地の取り組みを探る。

水辺を都市再生の核にする ― ロンドン

　21世紀の都市再生の成功例として最もよく知られるロンドンは、水辺を活かした都市再生を積極的に進めた代表例だ。サッチャー政権時代からスタートしていたドックランドの再開発、エンタープライズゾーンの設置など、海外からの投資を呼び込む都市開発という流れに加え、2000年に新設された大ロンドン市の初代市長であるケン・リヴィングストンが就任してからは、ロンドン・プランによって、都心に近接するテムズ川沿いを核にして都市再生を進めた。

　かつて、テムズ川沿いに多く立地していた工場や倉庫は工業国イギリスの産業・経済を支える象徴でもあった。しかし、国際的な生産機能の再配置の進展、工業・港湾施設の再配置などによって、テムズ川沿いのこれらの施設には役割を終えたものも少なくない。また、都心に近接するという高い利便性を活かした都市再生を実現し、ロンドンを象徴する水辺というポテンシャルからポジティブなイメージを確立していくという目的で土地利用転換が検討された。

　治水面の安全確保については、1984年に完成したテムズ防潮堰に加え、将来の気候変動への対応も加味された計画が策定され、対応が進められている。また、水辺の活用はブルーリボンネットワークというマスタープランにより、国、地方行政が連携して取り組んでいる。この計画では、舟運による旅客輸送、観光、レクリエーションの促進、河川沿岸の歴史的建造物に配慮した景観形成、水辺を含めた価値あるオープンスペースの形成、多様な生物環境など水辺環境の改善、総合的治水対策などにより構成されており、水辺の再生が都市全体の再生計画と歩調を合わせている。

　こうしたテムズ川沿いの再生方針と、2002年に策定されたロンドン・プラン(その後順次改訂)によるロンドン市の一連の都市再生計画とが連携し、テムズ川沿いの都市的土地利用の転換を図るプロジェクトが集中的に実施されている。旧ロンドン市役所を水族館に転用、旧発電所を美術館(テート・モダン美術館)として再利用するなど、既存の施設をコンバージョンすることで水辺に集客施設を整備するという取り組みや、観覧車(ロンドン・アイ)や特徴的な建築が目をひく新ロンドン市庁舎、ショッピングセンター開発など人々が水辺にアクセスするきっかけとなる拠点を配置している。

(左ページ写真) 再び人々の居場所となったロンドンの水辺

これに加え、船着場（ミレニアム・ピア）を要所に新たに整備し、テムズ川沿いに配置された集客施設をネットワークする舟運を構築している。

また、テムズ川沿いにオープンスペースや遊歩道を連続させるため、河川沿いで展開される様々な民間開発、公的開発の計画を連携させ、一連の水辺のフットパスをつなげて親水性の高い都市空間を実現する戦略も取り入れられている。

そして、バトラーズ・ワーフ、OXOに代表されるテムズ川沿いに立地していた倉庫建築などをコンバージョンして高級マンションやアトリエとして再生させ、芸術系大学の劇場、シェイクスピア劇で知られるグローブ座など文化施設の立地も進めるなど、都心と水辺との関係を再構築しながら、水辺の魅力を活かした都市再生プロジェクトが展開されている。

plaNYCによる新たな都市像 — ニューヨーク

ニューヨーク市の今後の長期的展望はどうあるべきか。この問題を考えるべく、2007年に策定されたのがplaNYCだ（2011年に改訂）。この計画のサブタイトルは「A Greener, Greater New York」、つまり、「よりグリーンで、より素晴らしい都市を目指すには」という目標像が掲げられている。ニューヨーク市は2030年までに人口が100万人増加することが見込まれ、かつ既存のインフラは老朽化していくことが想定される。しかし、後追い的な対応だけでは都市間競争にとても太刀打ちできない。

そこで、より魅力的な都市であり続け、住民の生活の質を高め、環境を良くし、経済を活性化するためのビジョンがつくられた。この計画のなかでも、水辺は重要な位置づけを担っている。

更なる住居の確保にあわせた居住環境の向上のための用地として水辺は有効な候補地となり、全市民が徒歩10分圏内で公園にアクセスできる場所として利用価値が高く、水辺自体の環境改善によりレクリエーションの機会向上と生態系

（左）ロンドン・プラン（2014年改訂）
（右）plaNYC（2011年）

1	2
3	4

1. テムズ川沿いのロンドン・アイ（観覧車）や船着場　2. 旧発電所をコンバージョンしたテート・モダン（美術館）へはミレニアムブリッジでつながれている　3. ロンドン・シティ・ホール周辺。水辺はパブリックスペース　4. 水辺とその周辺は一体的に再生が進む

Chapter 2 ｜ 水辺を変えるアクション　　147

を復元することなど、水辺には様々な役割が付与されている。

　水辺が港湾や治水といった役割に加え、都市そのものを次世代の仕様へと転換していく主役として描かれている点が特徴的だ。

水辺を軸に次代の都市への転換を図る ― シンガポール

　建国から半世紀を迎えた東南アジアの都市国家シンガポールは、その都市経営が強固なことで知られる。特に2012年に完成したマリーナ・ベイ・サンズをはじめとするマリーナ・ベイ・プロジェクトは、新たな時代のシンガポールを象徴している。特に、近年の成功は、水辺を軸に進められている一連の都市再生プロジェクトがその原動力となっている。しかし、このプロジェクトの源流は、実は建国間もない1970年代に遡る。

　マリーナ・ベイに注ぎ込むシンガポール・リバーは、英国の植民地時代から港湾利用が主であり、かつては産業の中心となった場所であった。しかし、港湾機能の移転とともに、次第に空洞化が進んでいた。また、その水質の悪化が大きな課題となっていた。シンガポール・リバーはまさに忘却の水辺であったのだ。

　そこに転機が訪れる。当時の首相であった建国の父、故リー・クアン・ユー氏の発案により、1977年からシンガポール・リバーの水質浄化が始められ、1987年に完了している。並行して、シンガポール都市再開発庁 URA（Urban Redevelopment Authority）では将来のシンガポールを支える新たなCBD（Central Business District）の検討が行われ、マリーナ・ベイ周辺が都心に近接する大規模な用地としてその候補地となった。将来的には、シンガポール・リバーを軸として既存の市街地と新たな都心のビジネスゾーンであるマリーナ・ベイ周辺をつないでいくというシンガポールの都市空間戦略が描かれていた。

　そして、1990年代からは水辺の遊歩道整備やクラーク・キー、ボート・キー、ロバートソン・キーといった船着場の再開発を順次実施し、併せて舟運ネットワークも整備し、こうした整備に応じてシンガポール・リバー沿いは都心の新たな居住地へと土地利用の転換が進んだ。

　水辺を軸にした都市再生の方針となったのが、約10年ごとに改訂されるコンセプトプランである。それをより詳細化した具体的なプランがマスタープランで、約5年ごとに改訂される。

シンガポールの都市戦略が成功したポイントは無理に開発を急がないところにある。コンセプトプランは時代に応じて改訂されるが、時代の変化に応じて前プランの方針は柔軟に変更される。

　シンガポール・リバーからマリーナ・ベイに至る水辺の軸を中心に都市再生を図るという方針は大きく変わらないものの、その土地利用については、結論を急がずに検討が進められ、水質改善とマリーナ・ベイのマリーナバラッジ・ダム（堰）による淡水化、水辺沿いのネットワーク、水辺へのアクセシビリティの改善、臨海部の埋立などの基盤整備が先行的に進められた。並行して民間事業者との対話のもと、拠点の再開発が歴史的な資源の保全・活用と一体的に進められ、最期に統合型リゾートであるマリーナ・ベイ・サンズやガーデンズ・バイ・ザ・ベイへと至っている。

　こうした一連の都市戦略の中核を担っているのは、URAだ。国家開発省MND（Ministry of National Development）の下に設置され、都市の将来像の立案、都市計画、民間開発計画の調整・誘導、関連する省庁、部局などの連携を一手に引き受けている。一元的に都市再生のマネジメントが図られていることは、シンガポールの都市づくりの成功を支えている。

都市再生プロジェクトにみる戦略的な水辺の位置付け

　都市再生と言われる取り組みが世界各地の都市で進められている。従来用いられていた都市再開発という用語と区別して用いられるこの用語には、①かつて繁栄の歴史があるものの衰退傾向にある都市を、再び別のかたちで活性化する、②ハード面では既存の活用可能なストックに着目し、ソフト面では市民や地域の自主的な活動を前提とした、持続可能なかたちでの再生を目指す、③環境負荷の低減、人中心の公共空間、クリエイティブ産業など次代の都市に相応しい姿への転換を図る、といった意味が込められている。

　この一連の都市再生の取り組みのなかで、重要な役割を果たしているのが水辺なのである。ロンドン、ニューヨーク、シンガポール、パリ、マドリード、ビルバオ、バーミンガム、ソウルなど世界の都市が取り組む都市再生には、必ず水辺がその中心的役割の一つとして位置づけられている。

（上）旧港湾船着場の再開発によるクラーク・キーは賑わいと舟運の拠点　（下）シンガポールの新たなシンボルとなったマリーナ・ベイ　（右ページ）シンガポールリバーからマリーナ・ベイに至るシンガポールの都市再生の中心軸（URAの巨大模型）

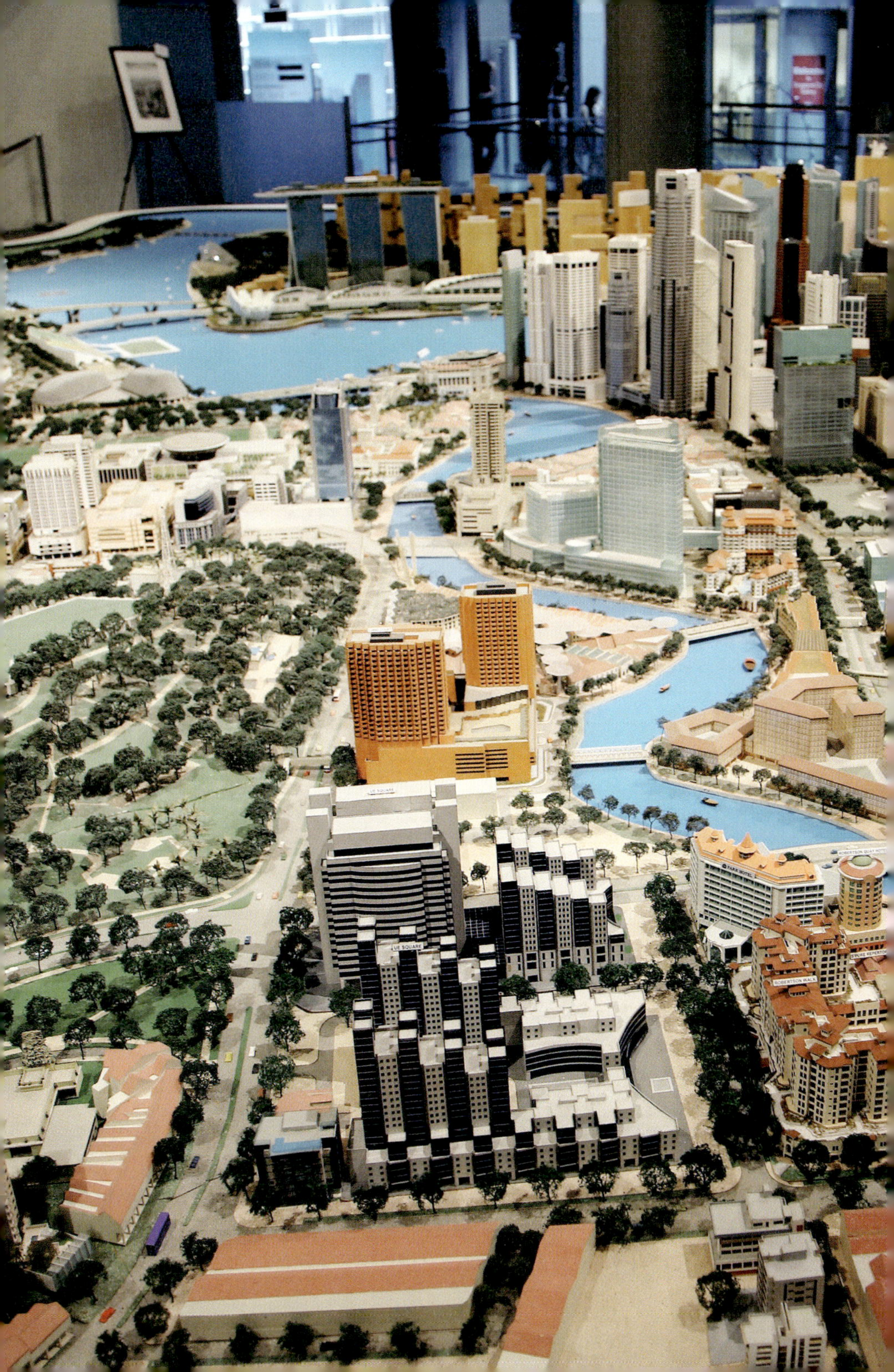

なぜ、多くの都市が都市再生を実現するうえで、水辺の持つポテンシャルに期待をするのか。それにはいくつかの理由がある。

　まず、都心に近接した大規模な低未利用地であることだ。かつて水都であったまちでは、その都市構造の骨格は水辺にある。すなわち、市街地に近接し、都市の中心的な場所を水辺が占めていることが多い。しかも、かつては港湾物流・産業系の土地利用が中心で、いまはこうした利用が衰退し、低未利用化している点も共通している。もちろん水辺の再活用にあたっては、アクセスの改善や土地利用の転換、水質の改善、防災上の安全性確保など、いくつかの操作は必要であるにせよ、その潜在的素質は抜群であるということができる。

　次に、都市において特徴的な景観や空間的な魅力を有していることである。水辺の持つ景観的特性はいわゆる市街地景観とは異なり、遮るものもなく、見晴らしも良い。風や光を感じることもできる。都市のなかの特異点としての性格を有している。使いこなすことができれば、これまでにない新たな魅力を都市に付与することが可能になる。

　特に、都心居住の促進やクリエイティブ産業、ツーリズムといった新たな都市の活力となる産業の誘致、人のための都市への転換といった、次代に求められる都市の要件から考えても、水辺はそれらとの親和性が高い。

　この水辺のポテンシャルを活かして、都市の再生を実現するため、計画のあり方自体も転換期を迎えている。先行き不透明な時代にあって、計画策定の難しさは指摘されて久しいが、新たな時代の計画のあり方を模索する動きもみられるようになってきている。水辺の活性化計画というレベルを超えて、都市の再生のために水辺を中心に据えた都市像の構築が始まっている。

Chapter

3

水都大阪の水辺ブランディング

STAGE 0
川を使いこなしていた都市から川に背を向ける都市へ

　水都大阪再生の取り組みを、自らが関わった体験やキーパーソンのヒアリングを通じて5ステージに分類して整理する。

　近世の大阪は全国から物資が集まる「天下の台所」と呼ばれた商都として繁栄した。道頓堀川や東横堀川などの堀川開削と湿地の地揚げ整備でまちの中に堀川が縦横に巡らされていた。舟運・市・遊び・夕涼み・祭などあらゆる場面で水辺は生活の営みの場そのものであり、その姿はまさに水都だった。「浪速天満祭」は千年以上の伝統を誇る天神祭の様子を描いたものだが、町衆がいかに水面や水辺を使いこなしていたかを物語っている。

「浪速天満祭」貞秀画、1859年（所蔵：大阪府立中之島図書館）

　明治になると、工業都市としての性格が加わり、経済活性化のため新淀川開削と築港整備が行われた。明治末期には鉄道の発達により舟運は次第に衰退するが、中之島公園（開園1891年）のビアガーデンや納涼台など、庶民の水辺の営みは健在だった。

　大正から戦前にかけては、市電事業や都市計画事業などにより、都市が郊外へ拡大するとともに、都心では大大阪にふさわしい美観・風致の形成が目指された。大阪市中央公

会堂などの水辺の建築物や中之島周辺の橋梁群らが大阪の名所となった。当時も河川貨物輸送は盛んで、各所には水上生活者がたくさんおり、川で洗濯する光景もあった。

　戦時中に空襲による深刻な被害を受け、戦後になると、かつての華麗な水都の姿は失われていく。地下水のくみ上げによる地盤沈下により、橋が下がり船の航行に制限をきたすという問題を生み、また台風による高潮でまちが浸水するという深刻な事態を招いた。高度経済成長期の爆発的な人口増による生活排水流入による水質汚濁や悪臭も生じた。あわせてモータリゼーションの進行による道路整備により、大阪の堀川はどんどん埋め立てられた。さらに、防潮堤整備による川とまちとの空間的な分断も生じ、ついに水辺は忘れ去られた場所となった。

　その後、自然保護運動や緑化などアメニティへの意識の高まりから、河川沿いの遊歩道や河川公園が整備される動きが始まった。1983年には大阪城築城400年祭をきっかけに、記念すべき大阪の観光船「アクアライナー」が京阪電鉄グループの大阪水上バス㈱により運航がスタートした。1997年には河川法が改正され、治水、利水に加えて初めて環境の文字が入り、多面的な河川空間の利用が位置付けられた。

　この頃になると、商業都市、工業都市として栄えた都市大阪を、ようやくその歴史や文化的風情で言い表した「水都大阪」として再び語る状況が整ってきた。しかし、2000年頃でも、未だ大阪の水辺沿いは建物が川に背を向け、堤防が陸と川を遮断して近づくことができず、川沿いの公園や遊歩道も人の姿はほとんど見られない状況だった。

STAGE **1**
水都大阪のスタート

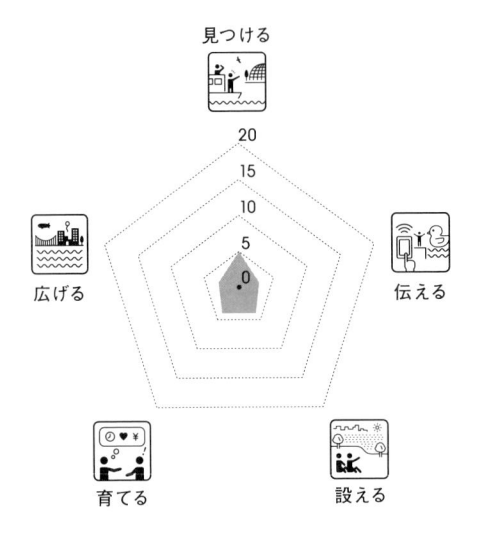

見つける
20
15
10
5
0
広げる　　　　　　　　　伝える
育てる　　　　　　　　　設える

府・市・経済界による水都大阪の取り組みがスタートした。水辺は市民が近づかない場所であり、水都大阪という言葉も定着していない時期であり、ハードソフト両面のコンテンツメイクが重要となった。まずは水辺の空間を設える、シンボルとして伝えるため、道頓堀川遊歩道や八軒家浜船着場など、大阪のアイデンティティ空間の再生が図られた。あわせて水辺に出会う、楽しむコンテンツとして、NPOや企業による多様なアイディアがゲリラ的に実現され、有志のネットワークが形成された。まだ明確な官民の事業計画は存在していないが、今までバラバラに動いてきた官民が参画する水都大阪2009の準備が進められていた。

水都大阪再生の事業スタート

　再び水都大阪を目指した動きは21世紀に入って本格化した。2001年に水都大阪が第3次都市再生プロジェクトに指定された。大阪府、大阪市、経済界等は都市間競争を勝ち抜くためには都市格の向上が重要だとする認識のもと、大阪都市圏の都市環境インフラの整備・再生を促進し、併せて水都大阪の活性化のためのソフト事業を実施することにより、水都大阪を再生し、「水の都」を大阪のブランドとして発信していくことを目指した取り組みをスタートさせた。

府市経済界での一体的な動きと民間のゲリラ活動

府市経済界

　2003年には、大阪府・大阪市・経済界のトップで構成される二つの組織「花と緑・光と水懇話会」、「水の都大阪再生協議会」から、水都大阪の再生に向けての具体的提案が

なされた。2003年3月には水の都大阪再生構想が策定され、道頓堀の遊歩道の整備、京阪中之島線の整備に伴う中之島公園再整備や八軒家浜周辺整備などが完了する予定の2009年に目標を定めることとなる。あわせて、ソフトにより水都大阪再生を推進するための方策として、橋爪紳也の提案によりシンボルイベントの開催も盛り込まれた。

　「花と緑・光と水のまちづくり」を具体化すべく、下部組織としてそれぞれ4つの委員会が編成され、花・緑・光・水というテーマとその連携を取った活動が開始された。

　まず、光については、2003年12月から大阪・中之島で「OSAKA光のルネサンス」が実施され、以降も継続して実施されることになる。その特徴は実施体制、費用負担ともに官民協働で実施されているところにある。花と緑については安藤忠雄氏の提唱する市民や企業の募金による桜の植樹の活動、「桜の会・平成通り抜け実行委員会」が2004年に発足し、募金活動を開始した。そして、水については、大阪の都心を巡る水の回廊（堂島川・土佐堀川・東横堀川・道頓堀川・木津川）を構成する中之島ゾーンや道頓堀ゾーン等、公共船着場や遊歩道等の親水や賑わいづくりを目指した様々な整備が進められた。

　シンボルイベントの準備作業は、2005年7月にスタートする「シンボルイベント企画検討委員会」（主査：堀井良殷氏）の設置から始まった。検討当初は、従来の博覧会型の集客イベント案が議論されたが、一過性のものにせず、シンボルイベントを契機としてその後も市民も巻き込んで継続・発展する性格を重視する考え方へと転換していった。

　2007年5月には、府市経済界のトップ等からなる「水都大阪2009実行委員会」（事務局長：室井明氏）が立ち上がり、コンテンツメイクが本格化した。当時、大阪府からはアートによる都市再生を打ち出す意見が提案され、大阪市からは、市民参加を主体にした一過性でない活動を重視した、水の回廊の活用が提案された。また、経済界からは、費用対効果の検証と、事業効果の継続性を重視する意見が出た。これらの体制整備を通じて、仕事としての立場を超えて、水都大阪の再生への強い思いを持ったステークホルダーが集結した機会を得たことも、その後の成功へとつながった。

　これら三者三様の意見調整を図り、全国で活躍するプロデューサー・アーテスト・専門家のアドバイスを得てコンテンツを検討し、また、民間・NPOで活動する人々の意見も踏まえ、事業費も大幅に削減し府・市・経済界が3億ずつ出資、計9億円でようやく合意ができたのが開催直前の2008年だった。その計画案の最終了承を決める実行委員会で事件が起こった。当時新たに大阪府知事に就任した橋下徹知事が、継承・継続という効果が

市民にとってわかりにくい！と反対したのだ。これが現在でも関係者の間で語り継がれている「ちゃぶ台返し」事件だ。その後、関係者で再度協議し、開催後も残る資産としての橋梁ライトアップを盛り込んだ修正を行い、再度の実行委員会で了承され、水都大阪再生のシンボルイベントは2009年に実施されることとなった。

　実行委員会は2007年秋から数回、大阪で活動する市民団体や個人20人強に呼びかけ、市民参加のプロセスをどのように創り上げていけばよいか、そのための条件整備等について検討を重ねた。水辺の利活用、公共空間の使用など水辺にかかわるテーマも多く議論され、それらが水都大阪2009での市民参加スタイルの基礎となった。また、この活動を通じて互いに出会ったメンバー同士の新たな化学反応が生まれるという効果もあった。

　イベント会社に任せず、優秀なプロデューサーチームを迎えて、地元大阪のメンバーが自ら手づくりで進め、市民参画を前提とし、アートを取り入れながら、開催後も継続する仕組みを盛り込むという、新しい挑戦が行われた。経済界が主導となった資金集めや実行委員会への人材出向、意見の異なる府市との調整や費用の負担モデルづくりなど様々な課題を乗り越えながら、準備が進められた。このプロセスや成果がパートナーシップ型で展開する水都大阪の活動の基礎を築いた。

行政のハード整備

　シンボルイヤーに設定された2009年に間に合わせるべく、水辺のハード整備も府市により急ピッチで進められた。特に大阪のシンボル空間でもある八軒家浜や中之島公園、道頓堀川などが再整備され、近づけない空間だったものが再び市民が利用できる場所として再生され、船でアクセスできる船着場も整った。

　2004年には遊歩道「とんぼりリバーウォーク」がオープンした。水面に近い遊歩道にするのに、毎日1.5mほどあった潮位差をなくし、かつ船も快適に通過できることを両立するため、パナマ運河式の水門（水中に水門が下がるタイプ）が2基設置され、乗船客の人気スポットにもなっている。この遊歩道整備をきっかけに、川沿いの建物から直接遊歩道側へ出られるようなまちと川が一体となった空間が次第に出現し始めた。その利用についても自由度を高めるべく、一体的に清掃・警備・イベント誘致などを管理者の大阪市から民間に管理運営を任せる方法（3年間）がとられている。現在は2期目に入っており、連続

して南海電気鉄道㈱が担っている。

　2008年に八軒家浜に国内最大級の船着場が整備され、船着場の地盤面にあわせて擁壁に開口部を設け、京阪電鉄・地下鉄の天満橋駅と船着場がダイレクトにアクセスできるようになった。こうして、京都や海の結節点としての船着場があった、江戸時代の八軒家浜の姿が蘇った。河川区域内には、川の駅はちけんやという河川管理施設（レストラン、船着場、案内等）も新しい民間投資活用の仕組みによって整備された。

　2002年の道頓堀川沿いの複合開発「湊町リバープレイス」の街びらきに先立って湊町船着場（市整備）が開港、2008年には堂島川沿いの複合開発「ほたるまち」の街びらきにあわせて福島港が開港（府整備）するなど、舟運インフラ整備も進んだ。

　2010年7月（2009年に一部完成）には、大阪の歴史文化のシンボルである中之島公園が設計コンペを経て、親水性の高い都市空間へ再整備された。木がうっそうと生い茂り、治安が悪く近寄りがたい市民からは遠い存在となってしまっていた場所が大転換を果たした。バラ園や大きな芝生広場など開放感あふれる場所に生まれ変わり、公園内にはレストランが2店舗公募されオープンするなど、都心部の水辺の風景が様変わりした。

　行政のハード整備のみが自己完結的に実施されるのではなく、民間の意向や投資を同時に導入する工夫がなされている点が大きな特徴といえ、継続的な賑わいづくりや経済活性化にも寄与している。

提供：水と光のまちづくり推進会議

提供：水と光のまちづくり推進会議

提供：水と光のまちづくり推進会議

道頓堀川の遊歩道化
整備前（上）と整備後（下）

八軒家浜
整備前（上）と整備後（下）

中之島公園
整備前（上）と整備後（下）

民間のゲリラ活動

　水都大阪の取り組みの特徴は、それだけにとどまらない。実は水都大阪2009開催以前から、NPOや民間企業主体では個別に様々な取り組みが行われてきた蓄積も大きい。これらの取り組みは、個々人やグループの水辺への熱い思いが起爆剤となって実現されてきた。この蓄積が水都大阪の大きな資産となった。やってみたいと思う人たちの挑戦を可能にする水辺でありたい。そんな新たな魅力ある水辺づくりの提案を期間限定で試行する社会実験の実践により、市民や関係者にその魅力や可能性を体感してもらい、その検証結果に基づいて継続実施への道筋をつけるという方法へと発展を遂げている。

川を生かしたまちづくり協議会による「SUNSET 2117」

山崎勇祐さんらが始めた大阪初の水上BAR。大正区の人が通らない倉庫街に出現したが、その体感したことのない空気感や夕日の美しさ、遠くから店に舟で乗り付けるスタイル、集まる人のユニークさなどから人気を博し、彼が亡くなった今でも継続中。(2000年頃～)

都市大阪創生研究会による「リバーカフェ」

サラリーマン・OLが構成員の研究会が、合法的に大阪で初めて台船を使った水上カフェ実現にこぎつけた。運営は手作りにこだわり、100名を超すボランティアの協力を得て、17日間の水上カフェを運営。これがお手本となり、毎年春と秋には大阪に水上カフェが出現するようになった。(2003年)

NPO水辺のまち再生プロジェクトによる「水辺ランチ・水辺ナイト」

「気持ちの良い水辺空間でお昼ご飯を食べよう」とWEBやラジオで呼びかけを行い、毎月第3水曜日に中之島の剣先でお昼ご飯を食べる活動。それまで気づかなかった水辺の魅力に触れて、参加者それぞれの日常にしていくことが目的。暑い夏には橋や船着場で夜に水辺ナイトも実施。(2004～05年)

NPO水辺のまち再生プロジェクトによる
「水辺不動産」

賃料や広さではなく、周辺の環境を条件に物件を探す人々の目線に立ち、「水辺に近い」という条件だけに特化した物件を集めて掲載。2007年からは、「近代建築」、「町屋・長屋」、「ガード下」などの視点で不動産を紹介しているサイト「みんなの不動産」と協働して活動を進めている。(2004年〜)

大阪府による
「水上タクシー社会実験」

小型船の可能性を探るため、5隻のオーナーが5つの船着場を使った水上タクシー実験。2004年秋の9日間、利用者は電話一本で、好きな桟橋から乗船、好きな桟橋で降りられる。拠点の天満橋桟橋にはカフェが併設され、期間中600人以上の利用者で賑わった。(2004年)

千島土地による
「クリエイティブセンター大阪(名村造船所跡地)」

名村造船所が移転した後の自社所有となった工場建物やドックを含む広大な敷地を、アーティストがプロデュースして音楽スタジオや劇場など新たなクリエイティブスペースとして再生。その動きを周辺の北加賀屋地域にも広げエリアのイメージを変えている(2004年〜)

中之島活性化実行委員会・
NPOもうひとつの旅クラブによる「舟屋プロジェクト」

京阪中之島新線整備にあわせ、中之島に水陸の交流拠点の小屋と船着場「中之島ローズ・ポート」を設置。バラの満開の秋の1ヶ月間、様々な船旅や催しを実施。単なる船着場でなく、水陸の結節点となる「川の駅」の楽しさを世の中に提案した。(2005年)

NPOもうひとつの旅クラブによる
「ご来光カフェ」

毎年10/1〜10/8の約1週間だけ、生駒山よりご来光が昇るのが都心ど真ん中の水辺で楽しめることを発見。皆で都心の大自然の営みを楽しもう！と早朝の3時間桟橋を借りてカフェをオープン。予想に反して毎日満員御礼だったため毎年実施。(2006年〜)

水都の会による
道頓堀川遊歩道の工夫

とんぼりリバーウォークの延伸の際、御堂筋の桁下が低すぎ、河底の構造も弱いことなどから下をくぐれずコースが分断されるという市の案に対し、地元の依頼により実際に船をチャーターし現地を実測。橋の下でつながる具体的な代替案を提案した結果、市に認められてプランが変更された。(2006年)

（提供：吉田一廣）

e-よこ会による
「東横堀川」利活用

本町橋にフラワーポットを設置、橋洗いや水辺公園の掃除、船からまちを案内するツアーなどできることから始め、普段は閉鎖されている公園を特別に開放し、会のメンバーや界隈の住民らが食べ物等を持ち寄って夏の水辺を楽しむなど試行を重ねている。(2006年～)

NPO連合、北浜地域建物オーナーなどによる
「北浜テラス」

川沿いの使われていない公共空間にテラスを出して新たな風物詩をつくる企画。2008年に1ヶ月の社会実験を経て、2009年に地元協議会が全国で初めて直接占用許可を受け、官民協力して常設化を実現させた。当初3店舗から始まり2015年現在で9店舗と年々増加中。

中野・吉崎夫婦による
「御舟かもめ」

大型船がほとんどの大阪の川で「くつろいで過ごせる小さな家のような船」を目指して作られた定員10名の小型クルーズ船。水辺に関する活動を続けてきた夫婦が運航。漁船を改造した船も工夫がたくさん。コースは都心部や淀川、河口の工場群などユニークなものばかり。(2009年～)

（提供：小倉優司）

これらの民間主体の動きと一体となって、2004年9月〜2010年3月までの水都関係の様々な事業を行ってきた府・市・民間による実働組織が水都ルネサンス大阪実行委員会（事務局：大阪市）だ。
　春の舟運祭、さくら舟の設置、冬の光のルネサンスでのイルミネーションボートの飾りつけなど、当時の川や船を使った試行的取り組みを民間のアイディアで精力的に進めていた。
　実行委員長は山崎勇祐氏、副委員長は伴一郎氏。山崎氏はスカイスポーツの日本の第一人者で、ハンググライダーの世界記録をつくったり、琵琶湖の鳥人間コンテストの仕掛け人でもある。そんな彼が大正の尻無川にて秘密基地のようなボートバー「SUNSET2117」を始めた。材木倉庫や工場が川沿いに並ぶまち外れの場所だが、大阪で最も水と近い護岸構造に注目し、ここに2F建ての台船を持ち込み1Fをバーに2Fをライブハウスに改造した。大阪をはじめ他都市からも彼の人望で様々なメンバーが訪れ、何かおもしろいことができないか酒を飲みながら語り合う場所となった。一方、伴氏はPR会社を経営しつつ、大阪で初めて小型ボートの運航を始めた方である。DIYショップで材料を買い、中之島公園に手づくりで船着場を制作したり、最近では「あまのかわ」という世界初のリチウムイオンバッテリーボートを開発したり、大阪城の内濠で黄金の船を運航したり、ユニークなアイディアを次々と世に出している。この真剣な遊び人2人が民間サイドの水都の活動を引っ張ってきた。彼らが行政のコアメンバーとも良好な意思疎通を図りつつ市民や民間のアイディアを実現させてきた。彼らのファンが官民に広く育ち、その後の展開につながっていると感じる。私も彼らを師匠と仰ぐひとりである。

STAGE 2

水都大阪 2009 で行政・企業・市民が一体に

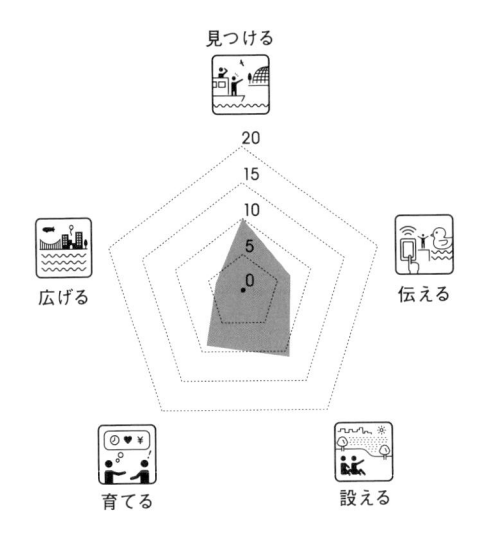

レーダーチャート:
- 見つける
- 伝える
- 設える
- 育てる
- 広げる
(目盛：0, 5, 10, 15, 20)

52日間開催された水都大阪2009の成果は大きかった。光と水の空間が水辺に誕生し、再生された中之島公園・道頓堀・八軒家浜を、天神橋・難波橋のライトアップを多くの市民が初めて体感した。また、そこには水辺を楽しむ市民や企業の多様な活動やアート作品が展開され、それらをボランティアスタッフが支える姿があった。2009年に誕生したラバーダックは水都のシンボルとなった。また、民間サイドで航行安全と舟運振興の団体が組織化され、川の利用をサポートする仕組みがスタートした。北浜テラスは社会実験を経て全国で初めて川床を常設化し、継続する仕組みを整えた。

シンボルイベント水都大阪 2009

　上記の水辺の拠点での整備が進む水都大阪の都市プロモーションの機能を果たしたシンボルイベント「水都大阪2009」が大きなターニングポイントとなった。北川フラム氏、橋爪紳也氏がプロデューサーとなり、準備が進められた。

　テーマは「川と生きる都市・大阪」、キーワードは「連携・継承・継続」。中之島公園、八軒家浜等を含む、大阪中心部の特徴とも言える「水の回廊（延長：約12km）」の各所を都市の舞台に見立てて、川と人をつなぎ、市民が水辺の楽しさを発見するような「水辺の文化座（中之島公園会場）」等のアートプログラムやワークショップ、八軒家での水都朝市やリバーマーケット等とともに水都アート回廊、船と水辺を組み込んだまち歩きなど様々なプログラムが展開された。水の回廊に位置する道頓堀、東横堀川などでは、「川と陸の接点」となる点在する船着場を中心に、その周辺地域と共同して日常的に水辺を楽しむプログラムが実施された。民間企業である千島土地株式会社（社長：芝川能一氏）の地域創生・社会貢献事業として実施されたラバーダック（F. ホフマン）という水都大阪のシンボルとなる

マスコットも誕生した。

　52日間の開催期間に約190万人の市民が大阪の水辺の楽しさ、美しさを再認識、再評価したことは水都大阪のブランド化に大きな役割を果たした。企画段階から実施まで、市民、地域、企業、NPO、アーティスト等と行政が協働したことが大きな財産ともなった。プログラムの企画運営、ワークショップ参加、サポーターやまち歩きの案内など、参画した市民の数は実に8万人にも及んだ。

　また、北浜テラスや着地型観光プログラムのOSAKA旅めがねなど、この機会に市民により事業化され、一過性のイベントに終わらず継続する、水都大阪発信の資産を残した。

（左）水都大阪2009 ポスター
（右）水都大阪のシンボル・ラバーダック
（提供：水と光のまちづくり推進会議）

舟運や水面安全利用を推進する舟運の民間組織の設立

　舟運の再生に向けた取り組みも本格的に始まった。観光集客に向けた舟運事業のブランド化と安全運航について、2つの関係団体が設立されたことも、水都大阪2009年開催の大きな力となった。

　1つは、大阪の水辺を魅力的にするために必要不可欠な河川区域の安全航行を目的に2004年に法人化された「NPO法人大阪水上安全協会」だ。安全に河川を通るための航行ルール策定や、公共船着場の統括予約・管理まで担い、船着場の使用料と会員会費の民間財源で運営されている全国でも珍しい組織である。もう1つが、大阪都心部の河川をめぐる舟運ルートや舟運商品、回遊性等の総称として、また、大阪の舟運サービスを国内外に広く普及するため2007年に設立された「大阪シティクルーズ推進協議会」である。舟運事業者や観光事業者・メディアなどによる民間組織で、舟運イベント、商品造成、プロモーションの際、それまで各社バラバラだったものが一元的に調整機能を果たすようになり、飛躍的に効果が高まった。

STAGE 3
民間ディレクターチーム発足、市民参加推進

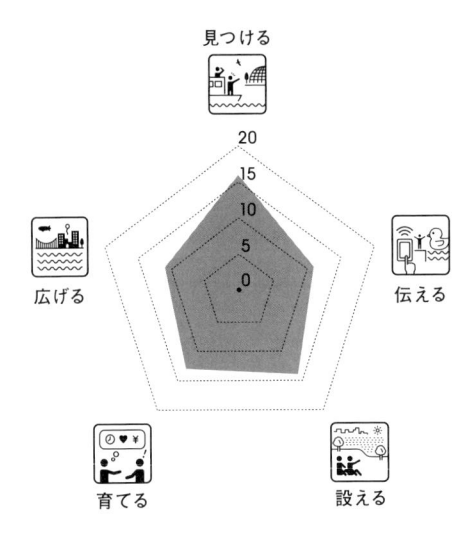

ポスト水都大阪2009として、さらに市民や民間の参画をめざし、民間ディレクターチームにフェス運営を任せ、機動力のある事業推進が可能となった。

フェスを通じて、再整備されたシンボル空間をさらに使いこなしていく、未開拓なエリアに目を向ける、サポーター・レポーター導入などが実施され、橋梁ライトアップも進んだ。全国水都ネットワーク会議による他都市交流もスタート。

この期間の事業進展を経て、さらに水都大阪を発展させていくためには、民間主導の推進機関と官民パートナーシップが必要との提案が、府市の都市魅力戦略会議にて位置づけられ、あわせて府市経済界により体制準備が進められた。

日常も豊かな水辺へ

　水都大阪2009の終了後、新たな展開が始まった。一過性で終わらせないという理念のもと、2010年、2011年、2012年の水都大阪フェスの開催は継続され、2011年には、「水都大阪　水と光のまちづくり構想（＊水都大阪推進委員会）」において、水と光をテーマに水と光の首都大阪の実現（目標年次2020年）が新たな目標として掲げられた。

　嘉名光市氏の提案により、これまで水都大阪に多様な立場で関わってきた民間の4人の若手（忽那裕樹・永田宏和・山崎亮・泉英明）をディレクターとして抜擢し、フェスのコンセプトや運営を任せるという画期的な方法がとられた。その特徴は、行政と民間が協働して府市経済界の予算を確保し、運営資金は企業協賛へシフトさせ、市民がボランティアとしてイベントに関わりプロセスを届けていく仕組みとして、サポーター・レポーター制度を導入し、様々な市民団体の自主プログラムの発表の場を設け、より多くの人たちの思いや動きを結集して水都大阪フェスを作り上げる仕組みへと発展した。

水都大阪2011～2012では、期間限定で船で回遊しながら食べ歩きができる「大阪水辺バル」のような日本初の企画も誕生した。大阪水辺バルでは、すでに再整備されている中之島公園、八軒家浜、道頓堀などの拠点のみでなく、未開拓な中之島GATE、大正、本町橋などのエリアの担い手の参画を得て、多くの来街者、地域の事業者、舟運事業者と広く水辺の可能性を共有した。

一方、中之島ガーデンブリッジでは橋上でのオープンカフェ等、地域主体の社会実験も行われた。水都大阪フェスを通じて、社会実験と規制緩和といった仕組みづくりとともに、地域や民間企業が主役となり、市民がその応援をするスタイルが定着した。

(左)市民がくつろぐ中之島公園の風景
(右)市民ボランティアの反省会

新たな民主導の事業推進体制

2012年には都市魅力創造に関する府市経済界連携の施策を検討する「都市魅力戦略会議」（特別顧問：橋爪紳也、特別参与：嘉名光市）において、水都大阪の新たな展開の検討が始まった。これまでの蓄積を活かしつつ、世界に発信できる都市魅力コンテンツとして成長させることが重点取り組みの一つとなった。また、その推進体制については、よりスピーディに意思決定できる官民パートナーシップの方式が模索された。府市経済界のトップで構成される「水と光のまちづくり推進会議」のもと、民主導のアイデアや創意工夫によって、水と光の首都大阪を実現するべく、これまでの実行委員会型の組織を発展的に解消し、民間による事業推進機関「水都大阪パートナーズ」と、その活動を支える行政の一元窓口「水都大阪オーソリティ」として再編制することとなった。

また、大坂の陣400周年、道頓堀開削400周年を記念して、その魅力を広く発信する、水都大阪2015という新たなシンボルイベントの開催も決定された。

既存の課題を解決する新体制

2001年以来、大阪の水辺は劇的に再生を遂げた。ハード整備とソフト整備が急ピッチで進み、成果を上げた。しかし、さらなる発展を遂げるには法人格をもった持続可能な常設組織が必要であり、かつ予算執行や事業の決裁権限を持ち、特定エリアに関する許認可権限を委任できる仕組み、すなわちエリアマネジメント的な展開が望まれる。

派遣年限のある行政、民間出向者を中心とした体制ではその構造上ノウハウの蓄積が難しい。また、事務局の有する予算や権限は限定的で、単年度事業ではイベント中心となりがちで、主体的な取り組みを進めることが難しいという組織上の課題を抱えていた。

例えば「水の回廊」は複数の区にまたがる。また、その管理主体も様々だ。東横堀川と道頓堀川と中之島公園は大阪市がその管理主体だが、中之島周辺の堂島川と土佐堀川は大阪府が管理主体となっており、その調整が煩雑であることは否めなかった。予算の縦割りや許認可の権限が、社会実験やイベントなどにおいて効率的な事業運営の妨げとなっていた。

これまで多様な官民のチャレンジの課題やノウハウが、さらに水都大阪を推進する体制の議論を生み、2013年度以降の新体制につながった。

STAGE 4
新たな官民推進体制へ

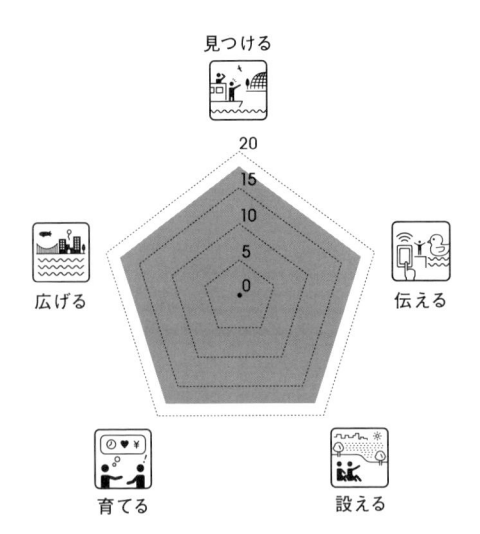

パートナーズ・オーソリティの新体制となり、民間投資を誘致しエリアマネジメントの仕組み構築が始まる。パートナーズの提案するビジョンや事業提案が官民トップに位置づけられる。中之島漁港の常設オープン、中之島オープンテラスの長期間実施、大正や福島の拠点常設化準備、北浜テラスの店舗増加など、水辺の居場所が増加。

インバウンド増加で舟運利用者数が増える中、ナイトクルーズ商品造成や船着場・水面利用のルールづくりなど今まで未開拓な水上活用が進む。

国交省MIZBERINGとの連携や建築学会シャレットWS、国内外へのプロモーションなど、コンテンツづくりから伝えることに重点が置かれた。

今まで議論された課題を克服するため、府市経済界のトップで構成される水と光のまちづくり推進会議（会長：佐藤茂雄大阪商工会議所会頭）のもと、2013年度から「一般社団法人水都大阪パートナーズ（2013年4月設立）」（代表理事：高梨日出夫氏）を中心とする、民主導の推進体制が構築され、公募の上決定された。このことは大変画期的であり、2020年の「水と光の首都大阪の実現」を見据えて新たなステップを踏み出した。

府・市・経済界のオール大阪で進める水都大阪の推進体制（2013〜）

水と光のまちづくり推進会議

決定機関／行政＋民間

メンバー：大阪府知事、大阪市長、経済3団体のトップ、有識者
役割：意思決定機関
　　　パートナーズの運営者の選定、支援、評価

アドバイザリーボード（専門助言機関）
構成：経済人、学識経験者、専門家

↓方針提示・資金提供　　　　↓規制緩和

水都大阪パートナーズ

メンバー：
プロ人材、民間企業出向者等で構成
役割：実行組織
■民の投資を呼びこむ活動
シンボル空間づくり、
ビジネスモデルづくり、
エリアマネジメント、情報発信

執行機関／民間

公募　←支援

水都大阪オーソリティ
（水と光のまちづくり支援本部）

メンバー：府・市の合同事務局
（17名の府市職員で構成）
役割：行政の一元的窓口
■公民協同のコーディネート
・占用主体、行政手続き

支援機関／行政

（左）市役所前に3ヶ月のレストラン運営。翌年は5ヶ月間に
（右）中之島GATEにおけるイベント（2013）

Chapter 3　水都大阪の水辺ブランディング　169

水都大阪パートナーズの3つの機能

　水都大阪パートナーズの特徴は、民間主体の水辺のまちづくりをエリアとして拡大させるとともに、その担い手の裾野も広げつつ、持続可能なビジネスモデルを確立していくことを念頭に、プロデュース、ファシリテート、プロモーションを総合的に推進するところがポイントとなっている。

1 プロデュース　produce

アイディアやお金を持つ企業や市民

| 水辺建物オーナー | 拠点事業者 | 舟運事業者 | 市民プログラム |

活用
水都大阪パートナーズ
水都大阪オーソリティ
覚書
占用・規制緩和
使用

| 河川 | 港湾 | 公園 | 道路 | 　 | 民間土地建物 |

プロデュース

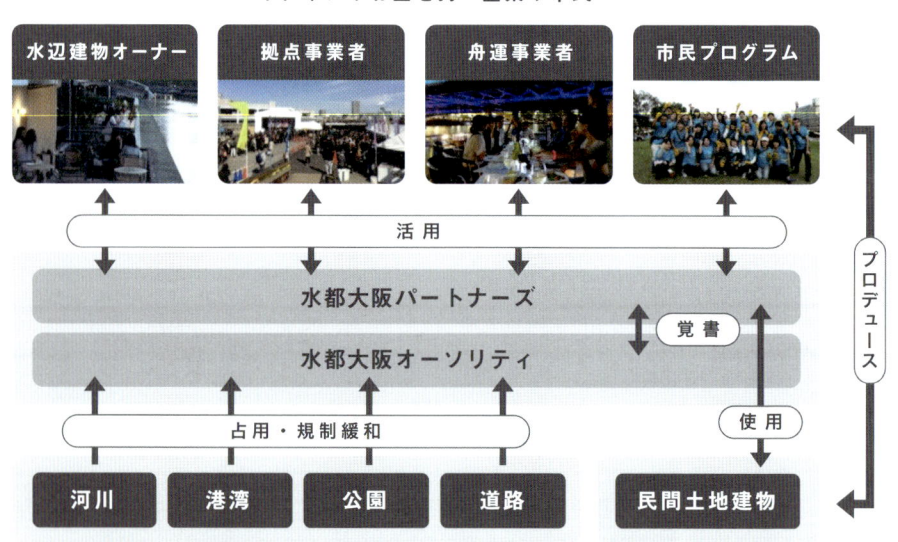

使われていない川沿い・パブリックスペース

　そもそも使える空間と思われていない水辺や、既得権などややこしいエリアと思われがちな場所を、アイディアやお金を持つ企業や市民とマッチングし、魅力的な水辺を生み出すプロデュースを実施する。その役割は、エリアごとのコンセプトや活用イメージを大まかに提案し、水辺の土地建物オーナー、水辺の拠点開発事業者、舟運事業者、市民団体などの事業やプログラムを誘致していく。今までは河川、港湾、公園、道路など管理者や管理法がばらばらであったが、行政の一元窓口水都大阪オーソリティがサポートする。この2つの組織が両輪となり推進する。

2 ファシリテート　facilitate

Point　○ 関心度に応じた参加の多様性を確保　○ 水都大阪というイベントを通じて、自ら水辺を日常的に使いこなす人々が生まれている

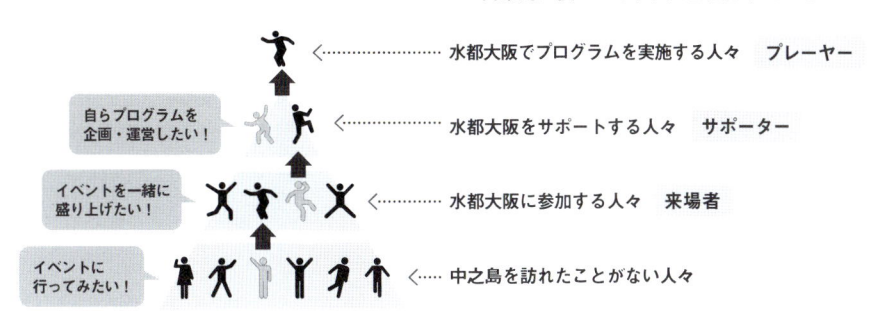

〈‥‥‥‥‥ 水都大阪でプログラムを実施する人々　　プレーヤー

自らプログラムを企画・運営したい！　〈‥‥‥‥‥ 水都大阪をサポートする人々　　サポーター

イベントを一緒に盛り上げたい！　〈‥‥‥‥‥ 水都大阪に参加する人々　　来場者

イベントに行ってみたい！　〈‥‥ 中之島を訪れたことがない人々

　さらなる知名度の向上も課題となっている。水都大阪の取り組みを知らない人々に対し、関わる機会を提供する役割も重要だ。青のTシャツを着て楽しく動いている市民ボランティアの姿を見て、自分も関わりたいと思う人たちを増やし、毎年の水都大阪のイベントを通じて自ら水辺を使いこなす人が広がる活動を展開している。関心の度合いに応じて多様な参加の機会を準備し、多くの方に体験していただく工夫を行いファンを増やすファシリテートがあらゆる活動に盛り込まれている。

3 プロモーション　promotion

広報活動
○ 水辺拠点と連携したプロモーションの強化と魅力案内
○ 冊子、WEB、SNSを組合せたメディアミックスによる情報発信

水都の楽しみ方やプレーヤー情報の発信

観光強化・インバウンド集客
○ 大阪観光局との連携
○ 海外雑誌にアプローチ
○ 姉妹都市連携イベント・PR
○ 多言語WEBサイト、予約システム

海外でのPR

コミュニケーション活動
○ 他都市との交流
○ ビジネスマッチング
○ 視察受入・提案受入

（左）視察・現地案内　（右）全国都市水辺関係者会議

　冊子、WEB、SNS、イベントなどのメディアミックスで事業を市民府民、来街者、事業者に伝える。大阪観光局と連携して国内外へのPR、他都市との交流や大学連携、ビジネスマッチング会などの活動を進め、さらなる発信力向上や経済活性化、地域活性化の機会づくりを推進している。

水都大阪パートナーズの事業展開

　水都大阪パートナーズは、4年間の活動期間に対する目標を示し、各年の事業計画を水と光のまちづくり推進会議に提案し、了解を得た上で推進する。パートナーズ事業に対する助成金として府市から毎年計7300万円を交付し、経済界は人材出向により協力するという役割分担で、行政の予算に縛られない活動の自由度を高めている。パートナーズは事業評価委員会により毎年目標達成度合の評価を受け、評価されれば継続、評価が低ければ継続できないという厳しいチェックを受ける。

　中之島GATEの「中之島漁港」事業は、従来の単年度型ではなく、複数年度に渡り資産を保有して投資回収を行う、新体制だからこそ実現できた象徴的な事業である。未利用公共空間を利用し2年強の期限で民間が常設施設を建設・運営する。エリアの開発ポテン

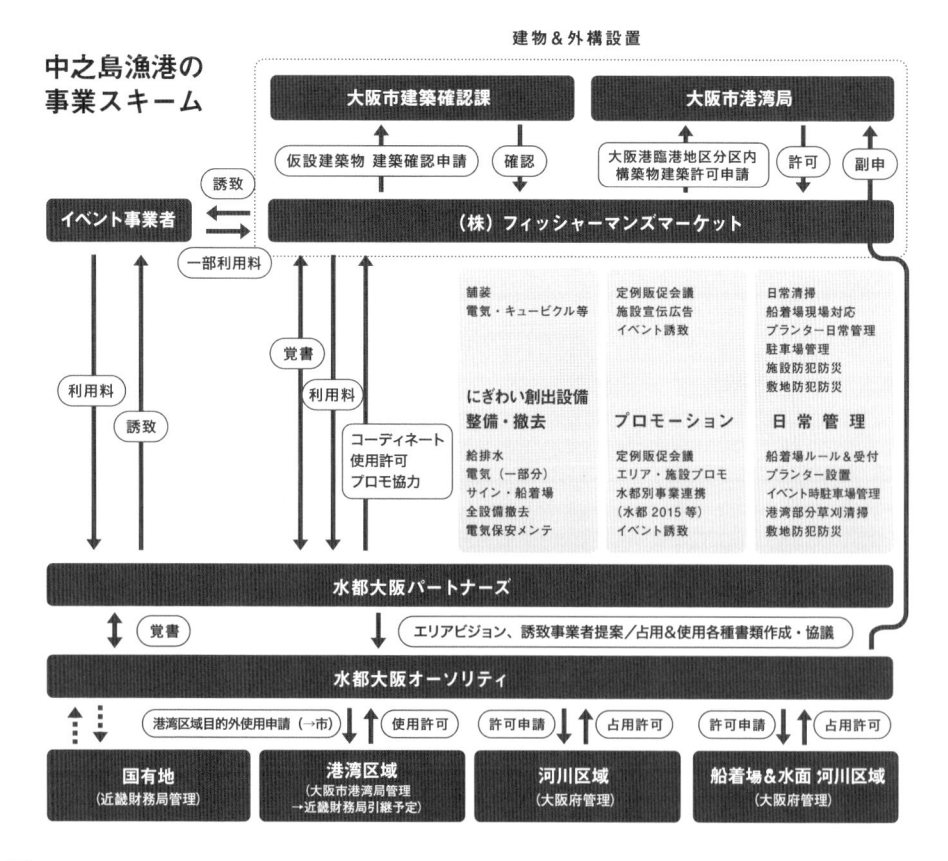

シャルの可視化やマーケティング、積極的な企業提案、府の河川敷地や国・市の港湾敷地など複数の土地オーナの調整、臨港地区における建築行為の許可、民間投資を誘致するために必要となるインフラ整備、海や都心部からの船のアクセスを可能にする様々な調整が必要になる。このような複雑な連立方程式を解きつつ、パートナーズとしてもインフラを投資して回収する事業を成立させる。これは、パートナーズ&オーソリティの官民の両輪推進体制でなければ実現できなかった成果といえるだろう。

各者の関わり／スパイラルアップ

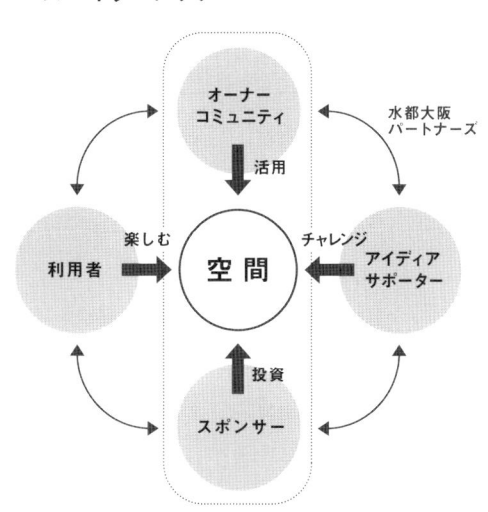

オーナーコミュニティ　活用
利用者　楽しむ　空間　チャレンジ　アイディアサポーター
スポンサー　投資
水都大阪パートナーズ

　2015年には、水都大阪の発信力を高め、多様な層への訴求や、民主導でさらなる水辺利活用の可能性を提示する水都大阪2015によって、非日常の水辺のコンテンツ開発が行われた。電通や吉本興業など新たなプレイヤーが水辺を舞台に新しい活用の可能性にチャレンジしている。

　一方、水都大阪パートナーズは日常の水辺の賑わいづくりのためのプレイヤーの発掘、持続可能な事業スキーム、プロジェクトづくりなどに注力し、その活動領域はさらに拡大を遂げている。将来的には、水辺の再開発にあわせて水辺を活かしたまちづくりに取り込みながら、その利活用も地域主体で一体的に進めることが可能なエリアマネジメントへの発展も視野に入れている。

　2012年には大阪商工会議所が中心となり「全国水都ネットワーク」が設立され、全国の水都10都市（大阪、東京、新潟、名古屋、大垣、近江八幡、徳島、広島、松江、柳川）をネットワークした全国交流もスタートしている。

　さらに2014年からは国土交通省が全国の水辺で展開しているミズベリングプロジェクトとの連携も始まっている。

　水都大阪の挑戦はまだまだ終わらない。

[水都大阪 年表]

	2000	2001	2002	2003
水都大阪に関わるトピック		内閣官房都市再生本部 都市再生プロジェクト「水都大阪の再生」採択（第3次決定） 道頓堀川を考える協議会スタート	水の都大阪再生協議会設立 →［ハード］ 近畿地方整備局、近畿運輸局、大阪商工会議所、関西経済連合会、21世紀協会、大阪府、大阪市等 花と緑・光と水懇話会 →［ソフト］	水の都大阪再生構想策定（水の都大阪再生協議会）⇒水の回廊づくり 第3回世界水フォーラム（京都・大阪） 第4回国際水都会議（ICAP）（大阪） 大阪花と緑・光と水まちづくり提言、シンボルイベントの開催提言
主な出来事・国の動き	ロンドン・ロンドンアイ・ミレニアムブリッジ	内閣に都市再生本部設置（閣議決定）	パリ・パリプラージュスタート	阪神タイガース優勝
水辺の拠点 遊歩道・船着場等		東横堀川水門 道頓堀川水門 湊町遊歩道・船着場 道頓堀川水門	湊町リバープレイス	
舟運		USJ ⇔ 湊町を結ぶ「タコ船」運行開始 → 5ヶ月ほどで運航休止	小型旅客船事業「波切天神」運行開始	水陸両用車（かっぱ1号）試行運航開始（左） 落語家と行くなにわ探検クルーズ運航開始（右）
ライトアップ				
社会実験		いっとこミナミ夏祭り開始、難波八坂神社船渡御 230年ぶり復活		リバーカフェ
イベント	この頃 SUNSET 2117 開業		大阪光のルネサンススタート	

2004	2005	2006	2007	2008	2009
桜の会・平成通り抜け実行委員会設立 (2009 寄付金募集終了 2013 解散) 光のまちづくり基本計画策定 (光のまちづくり企画検討委員会) 道頓堀川水辺協議会スタート			水都大阪 2009 実行委員会設立	国重要文化財「淀川旧分流施設」(旧第1閘門) 京阪中之島線開通 中之島水辺協議会 (民間河川活用第三者機関) スタート	**水都大阪 2009 開催 8/22-10/22 [52日間]** 平成の太閤下水 (北浜達阪貯留管) 建造開始〜2015
国土交通省河川局「河川敷地占用許可準則の特例措置」通達 ⇒社会実験の枠組みで占用主体拡大	ソウル・清渓川再生 広島京町川オープンカフェ社会実験開始 (4店舗)			広島元安川オープンカフェ開業	
クリエイティブセンター大阪 とんぼりリバーウォーク (戎橋〜太左衛門橋) 太左衛門橋船着場 大阪ドーム岩崎港 大阪ドーム千代崎港	木津川遊歩空間 (事業中) 若松の浜 アドプトリバー千代崎	道頓堀川遊歩道プラン変更	戎橋 (架替)	ほたるまち 福島港 (ほたるまち港) 八軒家浜船着場 浮庭橋	キャナルテラス堀江 中之島バンクス 北浜テラス (3川床・3店舗) 常設開業 川の駅はちけんや 日本橋船着場 八軒家浜遊歩道 中之島公園 (一部オープン)
大阪水上安全協会 NPO法人化	道頓堀「とんぼりリバークルーズ」運航開始		大阪シティクルーズ推進協議会設立 大阪ダックツアー (水陸両用車) 運航開始 アクアミニ (大阪城⇔湊町) 運航開始 航行ルール策定	公共船着場一元管理スタート SUP活動開始	御舟かもめ運行開始
			東横堀川ライトアップ 2007	錦橋 (フェスティバルホール建替えレリーフ引継) 淀屋橋・大江橋	天神橋 (改修)・難波橋 南天満公園 (水際)
水上タクシー社会実験・天満埠頭	舟屋プロジェクト			北浜テラス (社会実験① 3店舗1ヶ月間)	北浜テラス (社会実験② 3店舗3ヶ月) ⇒その後常設へ
水辺ランチ・水辺ナイトスタート (〜 2005) 水辺不動産スタート	水上桟敷さくら舟スタート (〜 2009)	ご来光カフェスタート東横堀川利活用		ベイサイドパーティ 2008	おおさかカンヴァス 2009 (木津川) 平成OSAKA天の川伝説 (社会実験) ベイ&リバーサイドパーティ 2009

[水都大阪 年表]

	2010	2011	2012
水都大阪に関わるトピック	水都大阪推進委員会設立 大阪光のまちづくり2020構想 （光のまちづくり企画推進委員会）	水都大阪水と光のまちづくり構想策定 （水と光のまちづくり推進会議）	大阪府市都市魅力創造戦略
主な出来事・国の動き		国土交通省河川局 「河川敷地占用許可準則」改正	全国水都ネットワーク設立
水辺の拠点	GARBweeks・R（中之島公園）開業 北浜テラス（2川床・1店舗）開業	ミオバル（淀屋橋港）開業 北浜テラス（2川床・2店舗）開業	北浜テラス（1川床1店舗）開業
遊歩道・船着場等	中之島公園再整備 大阪市中央卸売市場前港 ローズポート 大阪国際会議場前港リニューアル	大阪ふれあいの水辺（砂浜） 恒常的な水辺のにぎわい創出活動支援事業 中之島公園・剣先噴水シンボルモニュメント	とんぼりリバーウォーク 民間事業者運営開始
舟運			世界初リチウムイオン電池推進船「あまのかわ」就航
ライトアップ	中之島にぎわいの森PJ開始 中之島ガーデンブリッジ 南天満公園ライトアップ 堂島川阪神高速橋脚 東横堀川阪神高速橋脚	天満橋（改修）・ 玉江橋・堂島大橋 堂島大橋上流右岸ライトアップ 玉江橋上流左岸ライトアップ	大江橋下流左岸ライトアップ
社会実験		北浜テラス船着場社会実験①	中之島GATE（ノースピア） 北新地ガーデンブリッジオープンカフェ 北浜テラス船着場社会実験②
イベント	平成OSAKA天の川伝説2010 おおさかカンヴァス2010 （木津川・関空他） River！リバー！りばー！ ベイ＆リバーサイドパーティ2010	平成OSAKA天の川伝説2011 水都大阪フェス2011・ 大阪水辺バル・コイデコ おおさかカンヴァス2011 （木津川・中之島公園他） ベイ＆リバーサイドパーティ2011	平成OSAKA天の川伝説2012 水都大阪フェス2012・ 大阪水辺バル・コイデコ おおさかカンヴァス2012 （中之島公園）

2013	2014	2015
中之島ゲートエリア魅力創造基本計画（案） 水都大阪パートナーズ・水都大阪オーソリティー設立 水都大阪パートナーズ事業計画提案	大阪市都市再生整備計画 水都大阪再生地区指定	水都大阪 2015 シンボルイベント
サンアントニオ・リバーウォーク南北区間延長 パリ・セーヌ川沿い歩行者専用化	国土交通省水管理・ 国土保全局 ミズベリング・プロジェクト開始 MIZBERING 大阪会議	MIZBERING 世界会議 in OSAKA
中之島ラブセントラル 北浜テラス（1 川床 2 店舗）開業 中之島ラブセントラル	北浜テラス （既存川床1店舗）開業	中之島漁港・みなと食堂開業 北浜テラス（2 川床・2 店舗）開業 中之島漁港 本町橋船着場
大阪水上バス 開業 30 周年 航行ルール（見直し）試行運用 日本シティサップ協会 八軒家基地オープン 大阪水上バス		大阪城内濠遊覧「御座船」就航 鉾流橋
	6 代目グリコサイン	鉾流橋
中之島 GATE（サウスピア）・FM OSAKA FOODMAGIC とんぼりリバーテラス活用実験	水の都の夕涼み・ 中之島オープンテラス 中之島 GATE・屋外演劇 「維新派透視図」	中之島オープンテラス 大正尻無川「Taisho リバービレッジ」 小型船係留社会実験
平成 OSAKA 天の川伝説 2013 水都大阪フェス 2013・大阪水辺バル・コイデコ おおさかカンヴァス 2013（中之島 GATE） 本町橋 100 年記念イベント 中之島にぎわいの森 × DREAMS COME TRUE WINTER FANTASIA 2013 大阪 LOVER 大阪・光の饗宴スタート（中之島・御堂筋・他拠点）	平成 OSAKA 天の川伝説 2014 水都大阪 2015 プレイベント （水都大阪ミナミフェスティバル・ inochi フェスタ・大阪大発見） 水都大阪オータムフェスタ 2014 おおさかカンヴァス 2014 （御堂筋）	2015 水都大阪アクアスロン大阪城大会 平成 OSAKA 天の川伝説 2015 水都大阪フェス 2015 おおさかカンヴァス 2015 （中之島公園・道頓堀・中之島 GATE 他）

大阪・水辺拠点の推移

凡例:
- ● 2008年以前
- ● 2009年以降
- ▲ 開設予定
- ▨ ライトアップ

2008年以前

拠点

【水陸アクセス拠点】
1. SUNSET2117
2. ほたるまち
3. 湊町リバープレイス

公園・遊歩道
4. とんぼりリバーウォーク
   （湊町区間・御堂筋〜相合橋）
5. アドプトリバー千代崎

船着場・水門
6. 大阪城港（民間）
7. OAP港（民間）
8. 天満橋港（民間）
9. 淀屋橋港（民間）
10. 水晶橋桟橋
11. 福島港（ほたるまち港）
12. 湊町船着場
13. 太左衛門橋船着場
14. 大阪ドーム千代崎港
15. 大阪ドーム岩崎港
16. 東横堀川水門
17. 道頓堀川水門

ライトアップ
18. 桜宮橋
19. 川崎橋
20. 大川沿い
    毛馬桜之宮公園
21. 大阪城新橋
22. 水晶橋
23. 大江橋
24. 淀屋橋
25. 錦橋
26. 岩松橋

2009年以降

拠点

【水陸アクセス拠点】
1. 川の駅はちけんや
2. 中之島 LOVE CENTRAL
3. 中之島 BANKS
4. 中之島漁港
5. 大正区尻無川河川広場（開設予定）
6. 中之島GATEノースピア基地（開設予定）

【水辺拠点】
7. GARB weeks
8. R
9. 北浜テラス（11店舗）
10. とんぼりリバーウォーク沿い店舗
11. ザ・ガーデンオリエンタル大阪
12. ダイビル本館
13. 中之島フェスティバルタワー
14. 新ダイビル
15. イオンモール大阪ドームシティ
16. 旧桜宮公会堂

公園・遊歩道
17. 中之島公園
18. とんぼりリバーウォーク
    （四つ橋筋〜御堂筋、相合橋〜日本橋）
19. 天満天神の森
20. 鉾流橋〜難波橋
21. 西天満若松浜公園

船着場・水門
22. 八軒家浜船着場
23. ローズポート
24. 若松浜船着場
25. 大阪国際会議場前港
26. ぽんぽん船船着場（民間）
27. 中之島GATEノースピア港（開設予定）
28. 中之島GATEサウスピア港（民間）
29. 日本橋船着場
30. 本町橋船着場

ライトアップ
31. 天満橋
32. 天神橋
33. 難波橋
34. 鉾流橋
35. 中之島ガーデンブリッジ
36. 玉江橋
37. 堂島大橋
38. 南天満公園
39. 阪神高速（東横堀川）
40. 阪神高速（堂島川）
41. 日本銀行大阪支店前護岸
42. ほたるまち前護岸
43. 大阪国際会議場前護岸
44. 堂島大橋下流左岸

Chapter

4

水辺が変わればまちが変わる

水とともに生きる 水都

　有史以来、都市の歴史を振り返ると、水辺と都市、そこに暮らす人々の生活は切っても切れない深い関わりがあった。治水とともに生活水、農業用水の確保、そして古代・中世・近世にわたっては命を守る術である防衛も重要な水辺の役割だった。

　なかでも特に水辺にその特徴が凝縮された都市がある。「水都」と呼ばれる都市だ。ヴェネチア、アムステルダム、イスタンブール、サンアントニオ、バンコク、上海……数え上げればきりがない。国内でも東京、京都、名古屋、大阪、松江、神戸、柳川など大小様々な水都がある。これらはみな、そのなりわい、営みそのものが水辺と深い関わりを持ち、輝かしい歴史物語を持っている。

　世界の水都に思いを巡らせていると、形や成り立ちも違う都市であっても、いくつかの共通点があることに気づく。

　第一に、都市が河川や運河などを骨格とし、顔となる場所が水辺にあることだ。漁村や渡し場といった形態を原型として、海の港を起源に発展した港町、河川沿いの結節点を中心に発展した要衝地、灌漑や埋立てといった土地造成を通じて市街地に水路を巡らせて発展した水網都市など多様な形態があるが、都市活動の源として水辺が中心となっている点は共通する。

　水都には自然地形のみならず、人工的に手を入れながらつくりあげてきたものも少なくない。舟運貿易を基盤としながら水際の狭い土地を干拓して都市をつくってきたアムステルダムでは、運河によるアクセスが骨格であり、その形態はいまも大きく変わっていない。その姿は水辺と都市が一体であるという形容がふさわしく、美しい佇まいがある。

　第二に、水辺と都市との関係は実にしなやかであるという点だ。両者は固定的で不変の硬い関係ではなく、時代や社会潮流の変化に応じて柔らかに変化しているのだ。

　古代ローマ時代の植民都市を起源に現代まで形を変えて発展し続けているパリ、ロンドンや、大航海時代には新大陸との玄関口として繁栄したスペインのセビージャやポルトガルのリスボン、産業革命の主役となったニューキャッスル・アポン・タインなど、時代に対応して、水都は発展を遂げてきた。

　また、近代化のはじめ、都市計画の象徴となったのも水辺だ。パリやシカゴ、大阪など都市の顔である水辺に都市を代表する建築物や橋梁が存在感を放ち、新しい時代の幕開

けを告げる華麗な水都の姿もつくりだした。時代を象徴する都市の物語に、水都はその舞台としてたびたび登場する。

　第三に、人々の営みが水辺と深い関わりを持っているという点だ。アムステルダムやバンコクなどでは、至るところに船着場があり、いまも多くの船、特に小型船が生活の足として利用され、絶え間なく船が行き交う光景を目にする。近江八幡・八幡堀や京都・鴨川の納涼床の風景はまちの風物詩としていまも健在だ。

　水都では、タイのソンクラーン、松江のホーランエンヤ、大阪の天神祭など、祭も水が主役だ。また、ロンドン・サウスバンクにあったシェイクスピア戯曲で知られるグローブ座、大阪・道頓堀の芝居小屋、芝居茶屋など、水辺が都市文化や芸能の中心となった都市も多い。水辺は都市文化創出の場でもあるのだ。

　かつて、水辺は都市の貴重なオープンスペースとして機能していた。市が開かれ、景色を楽しみ、遊興し、船遊びをしたり、夕涼みをしたりと水の恩恵を受けるだけでなく、人々の生活に欠かせない舞台であった。

近代化の中で忘れ去られた水辺

　水辺と都市。互いが恩恵を被る関係であってこそ、深い絆が生まれる。逆に、一旦そこに綻びが生じると、いとも簡単に霧散する。なかでも近代以降はその関係を揺るがす大きな変化が起こった。

　近代黎明期には水辺が都市の顔だった。しかし、長くは続かなかった。蒸気機関の普及、橋梁などの構造技術の発達とともに、次第に陸上輸送へと物流が転換する流れが起きた。そして水都の産業を支えた舟運も、大型蒸気船の導入により、港の沖出しや移転が起こり、次第に都市部から遠く離れていった。

　その後到来した本格的な近代化の波とともに、都市に人々が押し寄せ、市街地は爆発的に拡大した。そのことは建築物の高層化や都心部の再開発、郊外部の新市街地開発など、都市に様々な変化を起こしたが、その影響は水辺にも及んだ。市街地は水際まで膨れ上がり、洪水や高潮などの災害は深刻な被害をもたらした。工業化や人口集中による地下水くみ上げによる地盤沈下、生活排水の増加による水質汚濁、悪臭など、水辺を取り巻く問題が噴出した。

都市の交通の主役は陸上に移り、相対的にその利用価値が低下してしまった水辺は、吹き溜まりのような場所となり、災いのみをもたらす危険な場という色あいが次第に濃くなっていった。

　さらに、モータリゼーションの到来が追い打ちをかけた。溢れかえる自動車と、慢性的な渋滞問題は都市政策上の頭痛の種となった。近代以前に成立した水都では、物理的に自動車を走らせるような空間がない。そこで利用されたのがすでに使われなくなっていた水辺だ。東京の日本橋川、韓国ソウルの清渓川、マドリッドのマンサラネス川などのように河川上部を利用して道路を通した例は世界中で数多く見られる。ボストンでは市街地を縦断する高速道路によって水辺と市街地とが分断され、大阪では堀川を埋め立てて道路にした。自動車時代の到来は、かつて多くの水都が持っていたまちと水辺のつながりを断絶させた。

　一方で、急膨張した都市の災害問題に対処するため、治水対策としての河川整備も進められていった。洪水や浸水を防ぐための堤防や堰の整備が急がれた。都心部ではスペースに余裕が十分ではないため、河川の断面形状は周囲をコンクリートに覆われた、いわゆるカミソリ型となり、そのことが水辺と都市との物理的、視覚的関係を断絶してしまった。同時に、水辺の安全確保、河川法など治水重視の公物管理の徹底によって、その利用は厳しく限定されるようになる。そのことは安全性や合理性をもたらした反面、水辺の多面的利用、自由な場という意味での魅力が失われていった。このような経過を経て、水辺は忘却空間となり、水都の面影は消え失せた。

再び高まる水辺への関心

　しかし、絶えず流れる水の流れのごとく、都市と水辺の関係は変化し続ける。20世紀後半から21世紀に近くなると、両者の断絶された関係に再び変化の兆しが見られるようになった。

　環境への関心の高まりによって、上下水道の充実や浚渫などによる水質改善が進み、水はかつての美しさを取り戻した。また、アメニティ、緑化、景観といった空間や環境の質への関心も高まっていった。さらに、生物多様性やヒートアイランド現象の緩和など、新たな価値観からも水辺の可能性が評価されるようになった。

　このようななか、親水性や市街地とのつながり、人々の水辺利用を念頭に置いた整備も

始まるようになり、広島では太田川・元安川の親水護岸のような先進的な水辺景観が生まれた。

並行して、水辺の安全性の確保もすすんだ。ロンドンやシンガポールなどは堰の整備など一連の治水事業により、水辺が安全な場所となった。多くの都市では堰、護岸、放水路、下水といった各種対策が進み、安全性を確保しつつその利活用を考える条件が整った。

都市の土地利用の転換、機能更新という観点からも、都市の水辺にその活路を見出す取り組みも出てきた。サンアントニオでは、戦前から取り組んできたリバーウォーク構想をもとに、戦後にはPaseo del Rio（リバーウォーク再生計画）により、忘れ去られていた水辺空間を活用して、集客都市への大転換に成功した。

一方で、かつての港湾系、工業系土地利用が移転もしくは衰退し、低未利用化していた水辺の有効利用を図っていこうとするウォーターフロント再開発の流れが起き始める。こうして、都市の活性化、再生という観点から水辺のもつ役割を見直す動きが広がり始めた。ボルティモアのインナーハーバー、神戸のハーバーランドなどがその代表例といえるが、欧米アジアの主要大都市では同時多発的に水辺の再開発が進んだ。

そして、国際的な都市間競争の時代を迎え、都市の更新・強化あるいは都市再生、都市アイデンティティの確立といった観点から、未活用であり、かつ都心に近接していて魅力的な空間的資源を有する水辺に再びスポットライトがあたるようになる。

電気推進船「あまのかわ」（伴ピーアール）。水都大阪の舟運観光で活躍している

水辺衰退のプロセス

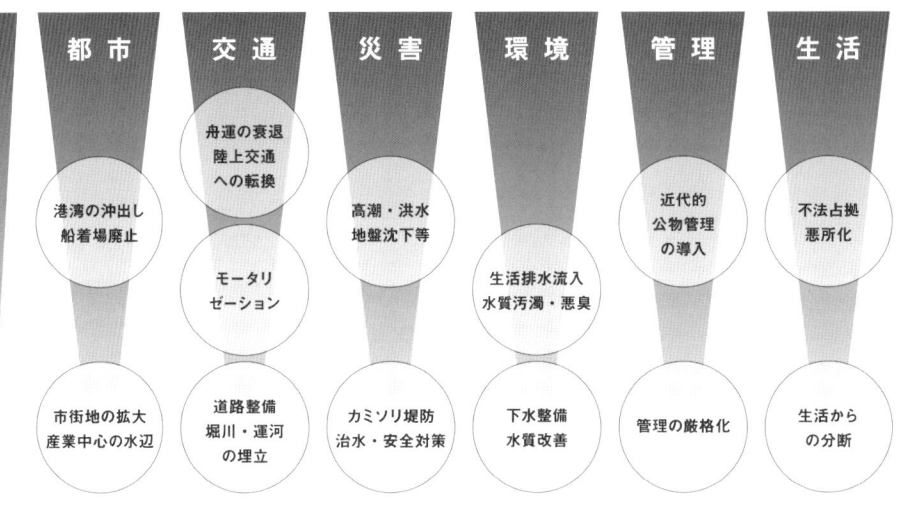

都市	交通	災害	環境	管理	生活
	舟運の衰退 陸上交通 への転換				
港湾の沖出し 船着場廃止	モータリ ゼーション	高潮・洪水 地盤沈下等	生活排水流入 水質汚濁・悪臭	近代的 公物管理 の導入	不法占拠 悪所化
市街地の拡大 産業中心の水辺	道路整備 堀川・運河 の埋立	カミソリ堤防 治水・安全対策	下水整備 水質改善	管理の厳格化	生活から の分断

空間の分断　　　忘れ去られた水辺　　　無関心　誰も行かない

産業構造の転換 土地利用の再編	交通手段の見直し 人のための空間へ	親水護岸 水門・遊歩道	水質浄化 生態系の保全	多面的利活用	プレイス メイキング
都市再生 賑わい・回遊 都市魅力	舟運の活性化 船着場整備	地域協働 まちづくり連携	ヒート アイランド 対策	社会実験 規制緩和	共感・参加 シビック プライド

実現に向けたアプローチ

水辺再生のプロセス

見つける　　伝える　　設える　　育てる　　広げる

水都再生

水辺からの都市再生

　水辺と都市との関係をつむぎ直し、再生した都市の顔、シンボルとして発信していく試みが各地で具体的に動き始める。スペイン・バスク地方の小さな工業都市にすぎなかったビルバオでは、水辺に建つグッゲンハイムビルバオ美術館が新たなまち再生のシンボルとなった。水辺が次代のビルバオを担う中心となり、文化観光都市への劇的な転身を遂げた。

　20世紀が、拡大する都市にあってモータリゼーションなどもっぱら山積する都市問題への対処に追われていたのに対し、21世紀では、成熟の過程に入る。情報・文化といった創造性が都市を牽引する力となり、都市を人のための空間へと転換していこうとする流れが生まれた。自動車や工業、物流に独占されていた水辺では、人を再びその主役へと見直す動きが始まる。

　元来、水辺はパブリックな場所であり、その恩恵は広く公平に提供されるべきであるという理念から水辺を変える動きも出てきた。ロンドン・テムズ川沿いでは、水辺の魅力を生かして、遊歩道や船着場でつなぎながら、美術館などの文化施設、オフィス・住宅などへ転換することで、再び人の場所にすることに成功した。

　もともと水辺をその骨格に据えた構造を持つ水都では、水辺は都市の中心部であり、かつ遮るものがなく見晴らしがよい性格もあって、その風景は都市の顔となりうる。事実、多くの水都では、その風景が都市のアイデンティティとなっている。そのポテンシャルに再び目を向け、忘れ去られた水辺空間を再び都市の象徴としていく動きも起き始める。

　ソウル、清渓川ではかつてモータリゼーションへの対応と水質悪化問題から、河川を暗渠化し、高架道路を整備した。しかし、その高架道路の老朽化に伴う更新にあたって、暗渠化されていた河川を復元し、清流の流れる水辺のプロムナードを整備した。生物多様性の確保や、ヒートアイランド対策、人中心の公共空間への転換、疲弊する中心市街地の賦活といった21世紀都市が対応すべき課題を解く方法として、水辺の再生を選択した。結果、清渓川の水辺は新生ソウルを代表する都市風景の象徴として知られるようになった。

水辺と都市との関係を紡ぎ直す

　「次世代の都市への転換を図るには水辺から」という流れは世界の都市再生の趨勢とし

て定着し始めた。成り立ち、歴史文化、地勢的重要性、景観的な魅力、舟運の活用など、さまざまな観点から水辺のもつポテンシャルは計り知れない。

しかし、ここで注意しておきたいのは、水辺だけをどうするか？ではなく、水辺と都市との関係を捉え直すという大きな視点が大事であることだ。

ウラとなった水辺を再びオモテに変えることは、単に水辺を都市のなかの憩いの空間にするというスケールで語れるものではない。また、都心部の低未利用地の有効活用というレベルで片付けられるものでもない。水辺を人にとって魅力的な場所として「プレイスメイキング」しつつ、それをマグネットにして、水辺と都市を結びつけながら、新しい水都を再創造するという、境界を超えた大きな構想力が必要だ。

仮に、水辺に美しい遊歩道や船着場ができたとしても、それが人々の日常や非日常を問わず、日々の生活と密接な関係を持っていなければ、結果、寂しい光景が生まれるほかない。かつて水都が有していた人々と水辺との濃密な関係が、長い年月を経て、次第に忘却されるに至った記憶を振り返れば、表層的な操作程度でかつての濃密な関係を再び取り戻すことができないことはわかる。

つまり、水都に暮らす人々の生活と水辺との関係を、もう一度つなぎ合わせなければならない。散歩、憩い、ビジネス、観光、歴史文化、祭り、レクリエーション、交通、人の流れ、景観などあらゆる観点から、水辺と都市との関係を再構築するべきなのだ。

これから解決すべき課題

水都の再生を実現するには、改めてなぜ人々が水辺を忘却してきたかを見つめ直さなければならない。産業においても日常生活においても人々と水辺の関係が断絶されたこと、治水対策は進んだとはいえ未だ災害の脅威は消えないこと、まだまだ水辺が魅力的な場所となっていないことなど、様々な理由が複雑に絡み合う。なかでも、公物管理など空間利用に関する規制のあり方という問題は避けては通れない。

河川でいえば、わが国では河川法がそれにあたる。当初は治水、のちに利水を加えるなど時代に合わせて改正されながら河川法は河川を管理する法律として運用されてきた。長らくその考えは変わらなかったが、時代の変化とともに、1997年にはその目的に河川環境の整備と保全が加えられ、環境保全やレジャー、観光利用といった視点も加味されること

となった。

　これが転換点となり、水辺の利活用は一定進んだ。しかしながら、水辺の賑わいを生み出していくには、より積極的な河川空間の利用が求められる。とくに、イベント利用や賑わいに資する利用、舟運の活性化などが求められるようになった。そこで、河川敷で賑わいの創出を図る際に支障をなくすため、2004年には国土交通省が「河川敷地占用許可準則の特例措置」の通達を出し、社会実験としてカフェテラスやイベントなどの利用が可能になった。広島や大阪がこうした制度適用によって水辺の賑わい空間の創出に成功したことは記憶に新しい。

　さらに2011年に準則改正により、特例が一般化され、都市・地域再生等利用区域の指定により、河川敷地でも民間営業が可能となった。また、2011年の都市再生特別措置法の改正にあたっても、公共空間の利活用に関する規定の弾力化が盛り込まれた。そこには、「要件を満たせば使っても構わない」という待ちの姿勢から、「公共空間の積極的な利活用により、都市の活性化と管理の高質化を実現する」という攻めの姿勢の大転換がある。

　水辺と都市の関係を再構築するには、それぞれ関わる空間の管理・計画・事業部局が都市の将来像を共有し、足並みをそろえることが重要となる。いわゆる役所の縦割りを打破していくことが求められるが、役割の異なる組織で目的を共有することは簡単ではない。「次世代の都市への転換を図るには水辺から」という政策が浸透する組織のあり方や仕組みづくりは大きな課題だ。行政でいえば、河川部局、公園部局、都市計画部局、経済部局、企画部局といった様々な部局が取り組むことが重要だ。また、商業者、舟運事業者、観光事業者、水辺の地権者といったステークホルダーを巻き込みながら取り組んでいくことも必要だ。

水辺を誇れる空間にするために

　なによりも重要なことは、人々の意識を変えることだ。忘却の彼方にあった水辺が再び都市との関係を取り戻す動きはすでに始まっている。多くの人々の共感も得ている。水辺を愛してやまない人々が自ら様々なアクションを展開している。そのことが多様な化学反応を起こしている。

　事実、水都再生に取り組む多くの都市では、水辺のオープンカフェなどの賑わい施設や、

舟運の活性化、橋梁や建築のライトアップ・イルミネーション、遊歩道や広場の整備、水辺の再開発などにより、実際に水辺に足を運び、時を過ごす機会も増え、水辺が身近な存在として定着し始めている。

　しかし、水辺があらゆる人々に近い存在になった訳ではない。日常生活のなかで水辺が登場するシーンを増やし、そのことが暮らしに豊かさをもたらす。そんな水辺と都市の良好な関係をさらに強くするには、水辺が変わったと実感できる具体的な「変化」を生み出し、共感をさらに広げるプロセスが欠かせない。

　水辺のアクティビティを豊かにする試み、遊歩道や親水護岸、船着場など水辺と都市との関係を紡ぎ直す都市デザイン、土地利用の転換や再開発にあたっては水辺と一体となった整備を図ること、水辺の賑わいづくりや安全管理などを民間や地域が主役となり展開するエリアマネジメント、そして、市民自らが都市の誇れるアイデンティティとして水辺に愛着を持つシビックプライドの醸成といった一連の取り組みを有機的に実践する必要がある。

　実現にむけては、水辺の賑わいを生み出していくためのビジネスモデルや、市民が関われる場づくりも忘れてはならない。一旦は忘却された水辺では、立地ポテンシャルはあっても、民間や地域が持続可能な形で関われるモデルがない。仕組みや方法をゼロから考え、育てていく必要がある。社会実験などの検証プロセスを経つつ、成功を重ね、空間マネジメントの経験を積む必要もある。つまり、水都を人々の手に取り戻し、水都再生を実現するためには、多面的なアプローチを粘り強く継続する必要がある。

　水辺でコトを起こし、魅力的な水辺をつくり、それらをまちとつなぎ、水辺から都市を展望し、これらのアイデアや計画を動かす仕組みをつくる。この多元的取り組みを繰り返すことが欠かせない。

　水辺をもっと活用したい、もっと魅力的にしたいという人々は実は沢山いるはずだ。この人々へメッセージが届き、共感を得れば、自ずと水辺と都市との素晴らしい関係を紡ぐアクションが大きなうねりへと変わる。水都再生の取り組みは今後もまだまだ発展の余地がある。難しい課題も横たわる。しかし、それを乗り越える価値がそこにはある。

（参考文献）

- ロイ・マン（1975）都市の中の川、鹿島出版会
- 中村良夫（1982）風景学入門、中公新書
- 上田篤＋世界都市研究会（1986）カラッポの復権　水辺と都市、学芸出版社
- ヴァーノン G. ズンカー（1990）サンアントニオ水都物語　ーひとつの夢が現実にー、都市文化社
- ヤン・ゲール（1990）屋外空間の生活とデザイン、鹿島出版会
- 渡辺一二（1993）水縁空間　郡上八幡からのレポート、住まいの図書館出版局
- 石川幹子・岸由二・吉川勝秀（2005）流域圏プランニングの時代　ー自然共生型流域圏・都市の再生ー、技報堂出版
- リバーフロント整備センター編（2005）川からの都市再生ー世界の先進事例からー、技報堂出版
- 篠原修編（2005）都市の水辺をデザインする　グラウンドスケープデザイン群団奮闘記、彰国社
- プロジェクト・フォー・パブリックスペース（2006）オープンスペースを魅力的にする　親しまれる公共空間のためのハンドブック、学芸出版社
- 東京エコシティ展「Future Visionの系譜」実行委員会ほか（2006）Future Visionの系譜ー水の都市の未来像、鹿島出版会
- 東京大学 cSUR-SSD 研究会編（2008）世界のSSD100　都市持続再生のツボ、彰国社
- 中村良夫（2010）都市をつくる風景　「場所」と「身体」をつなぐもの、藤原書店
- 樋口正一郎（2010）イギリスの水辺都市再生　ウォーターフロントの環境デザイン、鹿島出版会
- 橋爪紳也（2011）「水都」大阪物語【再生への歴史文化的考察】、藤原書店
- 三浦裕二・陣内秀信・吉川勝秀（2008）舟運都市　水辺からの都市再生、鹿島出版会
- 馬場正尊（2011）都市をリノベーション、NTT出版
- ヤン・ゲール（2014）人間の街　公共空間のデザイン、鹿島出版会
- 日本建築学会編（2014）コンパクト建築設計資料集成［都市再生］、丸善出版

あとがき

　この本は、我々と同じく、これから水辺を自分たちの暮らしの中に取り戻したい、そして水辺から都市をワクワクするものに変えていきたいという実践者の方々に届けたい。

　都市における川は人間でいう循環器のようなもので、都市の健康状態が表れる部分ではないだろうか。市民自らが使いこなし愛着を持てば、いきいきした風景が表れ、都市のイメージを左右するくらいの効果が生まれる、とても可能性のある場所だ、と最近つくづく思う。

　水辺のアクションに関わるきっかけとなったのは、2002年、都市大阪創生研究会という研究会に参加し、「リバーカフェ」という川に浮かぶレストランを設置運営した体験だった。その過程で、川や船の素人である我々はかっこいい遊び好きなオヤジたちに出会う。川沿いの彼らの基地には立場を超えて官民の面白い人が集まり、この企画を実現させようと試行錯誤して下さった。本当に感謝すると同時に、この時、自分の暮らすまち大阪で、もっと身近な水辺やまちを仲間と面白くしたい！やりたい人を応援できるプラットフォームをつくりたい！と強く誓ったのを覚えている。その後の水都大阪の一連の動きはまさに、アイディアを持ち実現する人に任せて応援し、都市全体に広げる枠組みづくりであった。

　公共は個からはじまる、大きなマスタープランありきでは動かない。個々の人の顔が見える、その思いや事業成果が共感を呼び公共になる。

　この数年、大阪での実践や他都市の実践者との交流の中で、従来型のビジョン⇒設計⇒工事⇒運営管理という一方通行でぶつ切りのプロセスの限界を超える複合的なアプローチの必要性を再認識した。それらの実践者のみなさまに執筆していただいた本書からは、生きた働きかけの視点が見えてくる。水辺から都市へ、楽しみながら動いていこう！

平成27年9月　　　　　　　　　　　　　　　　　　　　　　　　　　　　　　　　　　　泉　英明

この本の出版に至る水辺のゲリラ活動や水都大阪に尽力されてきた皆様に感謝します。
リバーカフェの実現や水辺や船の遊びを教えていただいた山崎勇佑さん、伴一郎さん、まちへの働きかけを学んだ都市大阪創生研究会の鳴海邦碩先生やメンバーの皆さま、ご来光カフェ・北浜テラスなどのプロジェクトをともに妄想し実現させたNPO仲間や山西輝和さん、山根秀宣さんはじめ建物オーナーの皆さま、水都大阪全体の大枠をつくられた先生や府市経済界の方々、水都大阪2009実行委員会の室井明事務局長や皆さま、2011年からディレクターチームとして若手に任せる体制をつくられた先生や府市経済界の皆さま、ディレクターや協力事務所の方々、市民が市民をもてなすサポーター・レポーターの皆さま、アートで都市を使いこなすおおさかカンヴァスの皆さま、大型から小型船までの舟運事業者の皆さま、長町志穂さんなど照明デザインや設備設計の皆さま、水都大阪パートナーズの仕組みを生み出し調整し実現させた皆さま、仕事を辞めてパートナーズの代表になる決断をされた高梨日出夫さん、推進会議の事務局で様々な調整やPJ支援をされた大阪商工会議所の中野亮一さん、パートナーズと二人三脚のオーソリティの府市の皆さま、各管理者の皆さま、多大な応援をいただいている経済界企業の皆さま、中之島公園・中之島漁港・道頓堀をはじめ17水辺拠点の事業者や管理者のみなさま、藤井政人さんなど全国の水辺アクションをつなぐミズベリングの皆さま、全国各都市の水辺活動家の仲間の皆さん、パートナーズのメンバーの皆さま、1年を超える長丁場で編集に付き合っていただいた学芸出版社の中木保代さん。ありがとうございます！

執筆者略歴

[編著者]

泉 英明（いずみ ひであき）
有限会社ハートビートプラン代表取締役
NPO法人もうひとつの旅クラブ理事、(一社)水都大阪パートナーズ理事。1971年生まれ。都市のまちなか再生やプレイスメイキング、工業地域の住工共生まちづくり、着地型観光事業「OSAKA旅めがね」、水辺空間のリノベーション「北浜テラス」、「水都大阪」事業推進などに関わる。著書に『都市の魅力アップ』『住民主体の都市計画』（共著）

> Chapter 2-03, 2-11／Chapter 3

嘉名光市（かな こういち）
大阪市立大学大学院准教授
1968年大阪生まれ。東京工業大学大学院社会理工学研究科博士後期課程修了。博士（工学）、大阪府市特別参与。専門は都市計画史、景観論、都市再生デザイン、エリアマネジメント。水都大阪をはじめ、都市再生のための公共空間デザイン・マネジメントを実践する社会実験を数多く実践。著書に『生活景』『都市・まちづくり学入門』『景観再考』（共著）

> Chapter 2-06, 2-09, 2-10, 2-14, 2-15／Chapter 4

武田重昭（たけだ しげあき）
大阪府立大学大学院生命環境科学研究科助教
1975年神戸市生まれ。UR都市機構にて屋外空間の計画・設計や都市再生における景観・環境施策のプロデュースに携わった後、兵庫県立人と自然の博物館にて将来ビジョンの策定や生涯学習プログラムの企画運営を実践する。2013年より現職。博士（緑地環境科学）。技術士建設部門（都市及び地方計画）。登録ランドスケープアーキテクト。著書に『シビックプライド2【国内編】』『いま、都市をつくる仕事』（共著）ほか。

> Chapter 1／Chapter 2-04, 2-07, 2-13

[監修]

橋爪紳也（はしづめ しんや）
大阪府立大学21世紀科学研究機構教授、同大学観光産業戦略研究所長
1960年大阪市生まれ。京都大学工学部建築学科卒業、同大学院修士課程、大阪大学大学院博士課程修了。建築史・都市文化論専攻。工学博士。『「水都」大阪物語』『瀬戸内海モダニズム周遊』『ツーリズムの都市デザイン』ほか、都市や建築に関する著書は50冊を越える。大阪府河川水辺賑わいづくり審議会会長、光のまちづくり推進委員会委員長、大阪商工会議所都市活性化委員会副委員長などを兼務、大阪における「水都再生」のキーパーソンを長く務める。

[著者]

山本尚生（やまもと ひさお）
有限会社ハートビートプランスタッフ
1984年鳥取県八頭郡若桜町生まれ。2012年度より中之島GATEの事業推進に関わる。2度の社会実験や維新派公演、中之島漁港の関係者調整、許認可協議・申請手続き等を行う。市民によるまちあるき事業、OSAKA旅めがねの2014〜2015年度リーダー。

> Chapter 2-01

岩本唯史（いわもと ただし）
建築家／RaasDESIGN代表
リノベーションや建築設計の傍ら、都市の水辺の魅力を創出する活動を行ってきた。
(一社)BOAT PEOPLE Association理事、河川利活用のPRプロジェクト「ミズベリング」ディレクター、水辺荘共同発起人、みんなの水辺新聞編集長。

> Chapter 2-01

忽那裕樹（くつな ひろき）
ランドスケープ・デザイナー／E-DESIGN代表、立命館大学客員教授
1966年大阪府生まれ。景観・環境デザインをはじめ、まちづくりの活動や仕組みづくりまで、幅広いプロジェクトに携わる。パークマネージメント、タウンマネージメントを通して、地域の改善や魅力向上に様々な立場で関わり、現在、官民協働の場として設立した(一社)水都大阪パートナーズ理事を務めている。

> Chapter 2-02

濱本庄太郎（はまもと しょうたろう）
E-DESIGNスタッフ
水都大阪フェスをはじめとした水都関連事業の企画運営に携わり、水辺のまちづくり・ボランティア育成・イベントプロデュースを中心に活動。その他、大阪府立江之子島文化芸術創造センター・プラットフォーム部門のディレクターを務め、まちづくり活動に従事している。

> Chapter 2-04

山名清隆（やまな きよたか）

ミズベリング・プロジェクトプロデューサー
1960年生まれ。（株）スコップ代表取締役。社会的動機を高め主体的な連携を創出するソシモマネジメントの実践者。キャベツ畑で愛を叫ぶ「日本愛妻家協会」、ほめるパトカーの「東京スマートドライバー」のほか、大型公共事業の広報業務を数多く手がける。東京大学、神戸大学、国土交通大学などで講義。地域づくり総務大臣表彰。

> Chapter 2-04

中村裕子（なかむら ひろこ）

大阪商工会議所地域振興部
2006年から水都大阪の再生に携わり、行政・企業・地域をつなぎながら、「本町橋100年会」「大阪『川の駅』設置推進チーム」「全国水都ネットワーク」等の事務局として、水辺の魅力づくりに取り組む。2013年からは、水都大阪の取り組みの基本方針を策定する「水と光のまちづくり推進会議」の事務局も務める。

> Chapter 2-05

佐井秀樹（さい ひでき）

（一社）水都大阪パートナーズプロデューサー
関西電力にて人事・教育を担当の後、マーケティング事業を経て、大阪の活性化を担当。水都大阪に関しては、光のまちづくり企画推進委員会にて「光のまちづくり構想2020」を策定。OSAKA光のルネサンスのブランディングに取り組み、大阪の冬の風物詩までに成長させる。このほか大阪シティクルーズ推進協議会設立、北浜テラスの実現等に寄与。その後、ホテル経営支援、観光まちづくりに取り組み、2013年より現職。

> Chapter 2-08

松本 拓（まつもと たく）

松本拓建築事務所主宰、NPO水辺のまち再生プロジェクト代表理事、北浜水辺協議会理事、大阪府立江之子島文化芸術創造センターコーディネーター
1974年神戸市生まれ。2004年から水辺のまち再生プロジェクトに加わり、水辺を使いこなす楽しさに目覚め、水辺の公共空間利活用を考える「水辺の建築家」として水辺のプレイスデザインに取り組んでいる。

> Chapter 2-12

（略歴は初版発行時のものである）

都市を変える水辺アクション
── 実践ガイド

2015年10月20日　第1版第1刷発行
2019年9月10日　第1版第2刷発行

編著者	泉　英明・嘉名光市・武田重昭
監修者	橋爪紳也
発行者	前田裕資
発行所	株式会社 学芸出版社
	京都市下京区木津屋橋通西洞院東入
	電話075-343-0811　〒600-8216
デザイン	井上能之（OPUS DESIGN inc.）
印刷	創栄図書印刷
製本	新生製本

©Hideaki Izumi, Koichi Kana, Shigeaki Takeda 2015
Printed in Japan　ISBN 978-4-7615-2608-5

JCOPY　〈(社)出版者著作権管理機構委託出版物〉
本書の無断複写（電子化を含む）は著作権法上での例外を除き禁じられています。複写される場合は、そのつど事前に、(社)出版者著作権管理機構（電話 03-5244-5088、FAX 03-5244-5089、e-mail: info@jcopy.or.jp）の許諾を得てください。
また本書を代行業者等の第三者に依頼してスキャンやデジタル化することは、たとえ個人や家庭内での利用でも著作権法違反です。